本书为贵州财经大学 2019 年引进人才科研启动项目"森林文化价值及评估理论框架研究"（编号：2019YJ023）及 国家林业软科学研究课题"中国森林资源核算及林业绿色发展研究"的研究成果

宋军卫 著

森林文化价值
及评估方法研究

The Study on Value and Evaluation
Method of Forest Culture

中国社会科学出版社

图书在版编目（CIP）数据

森林文化价值及评估方法研究/宋军卫著．—北京：中国社会
科学出版社，2022.8
ISBN 978 - 7 - 5227 - 0762 - 4

Ⅰ．①森…　Ⅱ．①宋…　Ⅲ．①森林—文化—评估方法—研究—
中国　Ⅳ．①S7 - 05

中国版本图书馆 CIP 数据核字（2022）第 145862 号

出 版 人　赵剑英
责任编辑　张玉霞　刘晓红
责任校对　周晓东
责任印制　戴　宽

出　　　版　中国社会科学出版社
社　　　址　北京鼓楼西大街甲 158 号
邮　　　编　100720
网　　　址　http：//www.csspw.cn
发 行 部　010 - 84083685
门 市 部　010 - 84029450
经　　　销　新华书店及其他书店

印　　　刷　北京君升印刷有限公司
装　　　订　廊坊市广阳区广增装订厂
版　　　次　2022 年 8 月第 1 版
印　　　次　2022 年 8 月第 1 次印刷

开　　　本　710 × 1000　1/16
印　　　张　13.25
插　　　页　2
字　　　数　201 千字
定　　　价　76.00 元

前　言

　　森林文化价值作为森林生态系统服务价值的重要组成部分，近年来被人们愈加重视，但由于非物质化的特点，其衡量方法一直是学界难点。本书在明晰森林文化价值边界和对现有森林文化价值评估的方法进行汇总分析的基础上，针对当前森林文化价值在货币化和指数化尺度下进行量化存在不足的问题，以时间和空间作为主要变量提出森林文化币的概念，在非货币化尺度上探讨森林文化价值的衡量标准，提出森林文化资本的概念，将不同类别的森林文化价值资源拟合为森林文化资本，以森林文化币为价值尺度对森林文化价值进行评估。

　　对森林文化价值评估首先要明晰森林文化价值的理论框架，通过准确的定义和划分，厘清森林文化价值、生态价值、经济价值及社会价值之间的边界，解决以往评估中森林价值重叠的问题。森林文化价值是伴随着人类产生而产生的，并在人类与森林的互动共生和社会发展中不断积累而成，主要是指森林以特有的性质为人提供非物质化的服务，其内容可划分为以下几个方面：（1）森林美学价值是审美主体和审美客体相互作用产生，从层次上可划分为感官层次、意象层次和意境层次，从内容上可分为色彩美、声音美、形态美和意蕴美；（2）森林休闲游憩价值主要指人们利用闲暇时间在森林中进行娱乐休闲活动，其主要功能有疗养恢复、促进个人发展和社交；（3）森林康养价值主要指森林通过特有的生态环境从生理和心理上提升人的健康水平；（4）森林科教价值基于森林的科教资源通过现场解说、场馆展示、标牌展板、主题活动、科普实践等方式开展各类教育活动及为科学研究提供研究对象和研习基地；（5）森林历史价值是基于森林存在、古树名木、人类活动遗址、文化古迹等载体和符号展现人类历史价值；（6）森林宗教艺术价值是通过揭示森林和宗教、艺术及民俗的密切联系说明森林对人精神世界的影响。

在对明晰森林文化价值构成的基础上，根据人与森林互动的特点，选定了人在森林环境中与森林互动的时间作为切入点，并结合空间特征，构建了森林文化币流量简单核算模型、森林文化币存量核算模型、在森林文化力条件下的森林文化币流量拓展模型及在承载容量约束下的森林文化币流量核算模型。其中简单模型主要基于人们在单位面积上实际时间消费为依据，在森林文化力条件下的森林文化币流量拓展模型是在简单模型基础上引入了森林文化力指标体系，依据国家相关标准和现有文献确定评分标准实现对森林文化力的计算，将计算结果作为修正系数来消除由于区域、层次、质量等因素造成的文化价值评估误差；在此基础上，考虑到承载容量对森林文化价值的感知的影响，建立起以空间容量、生态容量和经济发展容量为基础的森林文化时间承载容量核算模型，对超载部分进行衰减处理从而使计算更具准确性。通过多次修正以期获得森林文化价值的准确计量。

森林生态系统的文化服务功能近年来一直是学界的研究热点，但是如何评估却一直没有形成公认的方法论，大部分的评估方法更多借鉴了资源环境经济学的方法，试图通过货币化的方式来实现对森林文化价值的评估。但是森林文化币体系建立，试图建立一套脱离货币基础的独立核算单位，对人类的闲暇时间的使用偏好进行衡量，从另一个角度对非物质的精神影响进行具象化的计算。虽然这个理论可能还不完善，但是为今后在森林文化价值评估的研究提供了一个新的视角和方法尝试，以期后来的研究者可以取得更大的突破，建立更完善的评估方法。

本书在成稿之际，特别感谢贵州财经大学给予经费支持从而实现出版，在本书编撰过程中尤其感谢我的博士导师国际竹藤中心李智勇研究员给予的支持和帮助，尤其在森林文化币的提出和应用方面提出的创造性启示，希望他的关于森林文化价值评估思想能在本书得以延续，同时感谢我的硕士导师中国林业科学研究院科信所的樊宝敏研究员、同门师兄张德成副研究员、北京林业大学的张大红教授以及天津工程师范大学的张磊博士在本书撰写中提供意见和建议。

虽然笔者本着求真务实的态度对本书多次修改，但是限于学识和理论的限制，难免存在失误和偏差，请大家批评指正。

目　录

第一章

绪 论

第一节 研究背景

森林生态系统作为陆地生态系统的主要组成部分，拥有近40亿公顷的占地面积，约占世界陆地面积的1/3，几乎在除南极洲所有大陆上都有分布，其生物生长量约占陆地植物年生物生长量的2/3。每年为人类提供数量庞大的木材、食物、燃料、非木质林产品等物质生产资料，全球约1/4的人口（16亿左右）依靠森林获取食物、谋求生计、实现就业、获得收入。森林还可以涵养水源、保持水土、净化空气、调节气候，防止土地荒漠化和沙漠化，有效降低极端天气和自然灾害风险，为陆地80%的物种提供栖息地，在应对气候变化、保护生物多样性方面做出巨大贡献。不仅如此，森林作为人类文明的发源地，对人的精神世界和文化有着重要意义，通过美学、保健、科普教育、游憩休闲、历史文化等功能发挥，可以有效缓解人们的生活压力、激发创作灵感、促进人际关系和谐、获得归属感。尤其随着社会发展，人们对森林价值的需求不再局限于物质层次的经济需求，更多关注森林的生态价值及满足人类精神需求的文化价值。2016年《中国生态文化发展纲要（2016—2020年）》中指出森林文化是生态文化的重要组成部分，开展森林文化价值评估直接关系着人民的身心健康、生活质量和幸福指数。2017 年 4 月，第 71 届联合国大会审议通过的《联合国森林战略规划（2017—2030 年）》中的愿景设定为"所有类型森林及森林以外树木得到可持续管理，为可持续发展做出贡献，为当代和子孙后代提供经济、社会、环境与文化效益"。如何通过建立起繁荣的森林文化体系满足人们日益增长的文化需求，提升森林文化价值供给能力，为文化建设和生态文明建设增添新的活力，已经成为现代林业的重要目标。

鉴于此，正确认识森林的文化价值，建立行之有效的森林文化价值评估方法，有助于人们更深刻和直观地认识森林文化价值的意义，形成良好的森林文化价值消费导向，推动生态文明建设和绿色发展。同时通过对森林文化价值的有效评估，可以客观评价森林在非物质层面对人类发展的贡献，丰富森林资源核算体系，为现代林业发展和美丽中国建设提供科学理论依据，有效统筹协调森林的多种功能发挥，实现人与自然的和谐共赢。

然而，当前对森林文化价值的研究尚处于起步阶段，以森林文化价值作为关键词在中国知网进行搜索，截至 2017 年 10 月只有 399 篇，以森林文化价值评估作为关键词进行搜索更是仅有 24 条结果，可见森林文化价值的研究仍然任重而道远。尤其当前研究中，由于森林文化价值的非物质化的特征，使货币化的定量评价存在很大的难度，不能确保对森林文化价值的准确估值和计量，而指数化的评价方式往往更倾向于定性研究，如何对森林文化价值进行有效量化已经成为当前研究的一个难点和重点问题。基于此，本书将在厘清森林文化价值基本内涵的基础上，探索构建符合森林文化价值特点的新价值尺度（森林文化币）和相关评估方法，推动森林文化价值认识的统一和评价的标准化。这对促进森林文化价值资源认识和开发、繁荣森林文化产业发展，有着重要的理论意义和实践意义。

第二节　研究目的和意义

一　研究目的

（1）明晰森林文化价值的相关界定，对森林文化价值基本内容和运行机制进行研究，丰富森林文化价值的理论内容，建立基本的概念框架，厘清森林文化价值与其他森林价值的界限，为更好地评估森林文化价值提供基本理论支持。

（2）对现有森林文化价值衡量尺度和评估方法进行汇总梳理，在此基础上建立新的价值尺度并探索新的评估理论，为森林文化价值量化评价提供参考依据。

（3）根据森林文化价值特点，建立以时空标准为基础的森林文化币价值尺度，以此为基础建立森林文化价值评估的理论框架与核算模型，以文化尺度内的衡量标准实现对森林文化价值的有效评估，降低经济货币评价和定性评价的偏差，为森林文化价值的评价和比较提供评估工具，解决以往森林文化价值评估由于非物质化的特点难以有效量化的问题。

（4）构建森林文化力指标体系，通过专家评价等方式对森林文化价值质量情况进行评级打分，为森林文化价值资源开发和利用提供必要理论支撑，也为区分不同区域森林文化价值衡量提供有效工具。

（5）将森林文化币运用于案例研究，通过对香山公园这一具有代表性的案例点采用森林文化币价值尺度进行衡量，有助于该理论用于实践并验证其是否具有推广价值。

二　研究意义

森林作为重要的文化载体，贯彻着人类整个历史，对人们的生产生活有着广泛而深远的影响。因此，深入挖掘、科学评估和合理利用森林的文化价值，已成为适应经济社会可持续发展的一项迫切任务。因此，开展森林文化价值评估，具有重要的意义和作用，主要集中体现在以下几个方面：

（1）有助于生态文明建设。党的十八大明确了"五位一体"的战略布局，将生态文明建设列为关乎民族未来的大计。2015年，中共中央、国务院先后印发《关于加快推进生态文明建设的意见》《生态文明体制改革总体方案》，提出"坚持把培育生态文化作为重要支撑"，森林文化作为生态文化的重要组成部分，通过开展森林文化价值评估研究，有利于弘扬中华优秀传统生态文化，增强我国的文化软实力和竞争力；有助于人们全面认识森林的价值，并在社会范围倡导和培育尊重自然、顺应自然、保护自然的生态文明理念；相关研究成果还可以为相关政府部门制定和实施绿色发展政策提供重要参考和借鉴，进一步推动我国的生态文明建设。

（2）有助于推动绿色发展。通过对森林文化价值深入阐述和准确计量，有助于深度解析绿色发展内涵，提升大众对森林文化价值的认识，弘扬绿色生态价值观，从思想层面建立绿色和谐发展观念，树立正确的环境保护观，自觉转变消费生产方式，从价值观层面推动绿色经济发展，实现人与自然和谐共生。

（3）有助于现代林业的发展。繁荣的生态文化体系是现代林业的重要标志之一，2016年，国家林业局印发的《中国生态文化发展纲要（2016—2020年）》中将建立生态文明指标体系和开展森林文化价值评估作为生态文化发展的重要任务，本书通过森林文化价值衡量尺度入手，为森林文化价值评估开辟新的路径，并建立起相关森林文化力指标体系和森林文化币核算模型，有助于促进现代林业发展，为人们提供更丰富的生态产品和文化服务。

第三节　国内外研究现状及发展趋势

一　森林文化的研究进展

森林文化萌芽于19世纪的德国林学家柯塔提出的森林经营一半是艺术的观点，认为森林不仅具有提供物质生产资料的价值也具有美学价值，转变了以往人们对森林价值的单一认识，而1885年萨利施出版了《森林美学》一书，标志着森林美学这一新学科的诞生。自此森林的文化价值被世人广泛关注，并在国外掀起一股关于森林文化价值研究的热潮，而森林文化的内涵也从美学价值扩展到森林旅游、森林文学、森林史学等各个领域。例如，美国的莱奥博尔德在 1933 年提出了人与自然的伦理观，奠定了美国在森林经营追求人与森林和谐共生的理论基础；在亚洲，日本是较早开展森林文化研究的国家之一，从 20 世纪 60 年代开始将森林文化作为教育的重要内容进行推广，众多专家学者也发表一系列文章和专著，从森林文化发展的历史、教育、制度、发展道路及作用等多角度展示了日本森林文化研究的成果。

在国内对森林文化的研究始于 20 世纪 80 年代，其研究起源于林业史的研究。较早提出森林文化概念的是叶文铠（1989），从森林资源和人类文明的关系角度对森林文化进行了论述，自此越来越多的学者对森林文化研究进行了多角度、多领域的论述。在起源上苏祖荣（2005）认为森林文化的产生和发展是和一定生产力相联系的，历经渊源、萌芽、形成、成熟和拓展五个阶段，李明阳（2011）从人的需求、人与自然的关系、科技教育三个方面论述了森林文化产生的动力，并按时间划分不同时间阶段的森林文化。

关于森林文化的定义和内涵方面，主要从以下几个角度进行了论述：一是在人与森林互动中产生的文化现象（郑小贤，1999；苏祖荣等，2004），强调森林文化是一种文化概念；二是与森林相关的实践活动产生认识和关系，强调森林文化是人与森林互动的结果，不仅包括狭义的文化还包括人与森林互动产生的生产关系、相关制度及物质产出。此外，黎德化（2009）、徐高福（2006）也从不同的角度对森林文化的定义和内涵进行了阐述，整体而言，虽然定义不同，但是基本都认为森林文化是在森林背景下，人与森林互动过程中形成的森林人格化的部分。

在森林文化体系上，李晓勇等（2006）将其划分为物质、制度、行为、精神 4 个方面，郑小贤（2011）认为森林文化可分为技术和艺术两个领域，苏祖荣等（2013）认为森林文化体系是由森林美学、哲学、单独树木花卉文化以及其他相关的文化现象构成的。柯水发（2017）从森林美学、森林疗养、森林科教及历史地理等功能方面对森林文化体系进行了划分。整体而言，由于划分标准不同，认为森林文化体系有着不同的构成，但一般而言认为广义上森林文化应当包括人与森林互动产生的物质和非物质产品，但从狭义而言主要包括文学、民俗、传说、音乐等各类非物质产品。

在森林文化建设方面，樊宝敏、李智勇（2006）阐述了森林文化建设的必要性，并提出森林精神文化建设主要是加强森林哲学、森林自然科学和森林社会科学三个方面的建设。崔海兴、徐嘉懿（2015）从文化景观、产品研发、基础设施、文化传播及队伍建设等方面对森林文化建设提出了建议。陈文斌（2016）从实证的角度以黑龙江为例对森林文化建设的路径选择进行了分析。此外，李文军（2008）、张毓雄（2014）、郭岩（2017）也从不同角度对森林文化建设进行了分析，总体而言，学者都在强调森林文化建设要从软硬件两个方面共同着手。

随着研究的深入，对森林文化的研究也更加细化，形成对少数民族森林文化（刘俊宇，2014；刘荣昆，2015）、乡村森林文化（裘晓雯，2013）、城市森林文化（樊宝敏，2005；章建文，2009；庄丽，2016）等专题研究，并以地方为研究单位进行了实证研究（李俊杰，2015；刘琰，2015）；同时也出现一批森林文化方面的专著，例如，苏祖荣 2004 年出版了《森林文化学简论》、蔡登谷 2011 年出版了《森林文化与生态文明》，与森林文化有关的论著超过了 20 部（周雪姣，2017），系统论述了森林文化的理论与实践。

在组织上，2008 年 10 月，中国生态文化协会正式成立，北京林业大学开设了"森林文化与森林美学"本科课程并招收森林文化与森林美学方向的硕士、博士研究生，《北京林业大学学报》（社会版）等刊物也开辟了专门的森林文化栏目，并形成了每年一届的全国森林文化学术研讨会，2015 年北京市出台了《森林文化基地建设导则》（DB11/T 1304—2015）的地方标准，定期举办森林文化系列主题活动，国内在学术研究、机构设置及人才培养等方面都日渐成熟。

目前国内森林文化研究基本理论框架已经搭建起来，从理论基础到组织人才支持都呈上升趋势，但在指导实践运用方面相关成果还较少，对森林文化的评价也缺乏相关的方法论体系。

二　森林文化价值的研究进展

虽然国内外对森林文化的研究已经搭建起基本框架，但是对森林文化价值的研究却没有形成一个系统体系，研究相对较少。但国外自19世纪德国提出森林具有美学价值的论述后，很多学者也对森林的文化价值内容进行了研究，例如，蒙特利尔进程提出森林拥有的价值包括游憩、文化、社会和精神需求等（MP, 1999），Roger Perman（2002）认为森林的多种产品中除去木材产品直接通过市场交易实现价值，其他产品具有外部效益性，不能通过市场来实现价值，这其中就包含了森林的文化价值。但直到2005年的联合国千年生态系统评估报告（MA）才正式提出森林文化价值的概念，将文化服务与支持、供给、调节服务并列成为生态系统服务的四大功能，其中对文化服务定义是指生态系统通过丰富人们的精神生活、发展认知、大脑思考、生态教育、消遣娱乐、美学欣赏以及景观美化等方式，而使人类从生态系统中获得的非物质的服务效益，并指出文化服务价值涉及娱乐价值、精神价值、美学价值、宗教价值、教育价值、科学价值及存在价值。自此森林文化价值作为森林生态系统服务价值必不可少的构成被广泛接受并日益受到学者关注，De Groot（2005）也是在这一框架内指出森林可以通过提供森林认同、激发灵感、满足精神需求、娱乐游憩、保存遗产价值等方面提供文化服务。但对森林文化价值及生态系统文化服务价值的具体内容并未形成统一共识，很多机构和学者对此提出了不同的划分方式。例如，苏格兰林业委员会在对森林的社会贡献评价中指出森林文化价值应当包括森林价值观，在森林实践中获得的知识、技能、灵感等文化影响（Edwards, D. et al., 2009）；欧洲环境署（EEA）在划分森林生态系统功能时特别强调文化服务功能应包含诸如创作灵感、宗教、乡土意识等以森林为寄托的精神和文化（Fisher, 2009）。英国林学会指出森林的文化价值应包含文化认同、保健价值、提供就业、精神健康，提供游憩娱乐及教育机会和场地，增强社会凝聚力及对人类行为产生积极影响（Tabbush，2010）。

2011年，英国国家生态系统评估报告（NEA）对MA的理论进一步深化，建立起新的生态系统文化服务概念框架，认为生态系统的文化服务是指人们在生态空间或环境中通过活动、认同、能力和体验四个方面的积极影响来提升人类福祉（Church，2011；2014）。这一框架提出后被很多学者认可并使用，例如，O'Brien（2017）对欧盟15国的城市绿地文化服务效益的研究就是在这一框架下进行的，并对其进行了详细阐述，指出生态系统文化服务是通过环境空间和文化行为相互作用而产生的诸如文化认同及精神效用等人类福利，其中文化行为主要包括游憩和锻炼（骑行、散步、思考、体悟自然等）、创作和表达（摄影及激发绘画写作等创作灵感）、生产和维护（园艺及志愿服务等）、采集和消费（打猎、采摘、参加文化活动、参观文物古迹等），产生的文化效益包括能力（教育价值、康养价值等）、体验（社交、与大自然的交流、感官体验等）、认同（文化及象征意义等）；Fish，R.（2016）也是在这一框架的基础上提出了新的概念框架，认为生态系统文化服务不仅是通过自然先天便有的特质为人类提供某种福利，更是人与人、人与生态系统积极互动中创作的成果和体验过程，并从环境空间、文化行为、文化产品、文化效益四个方面对文化服务的产生及作用过程进行了论述。

此外，近年来国外学者不仅对文化价值的理论进行了大量研究（Schaich，H.，2010；Braat，L.C.，2012；Chan，K.M.A.，2012b），还对文化价值评估进行实证研究（Bieling，2013；Jobstvogt，2014），主要包括选择试验法（Makovníková，J.，2016）、条件价值法（Kenter J.O.，2016）等货币化评估和因子分析法（Bryce，R.，2016）、结合GIS的指标评价法（Schirpke，U.，2016）等非货币化评估两个方向。

在国内较早的研究中，对森林文化价值的表述往往包含在森林社会效益中而缺乏单独表述，例如，王迪海（1998）认为森林的社会效益具有美学价值、保健价值和游憩价值，张颖（2004）将森林在宗教、文化、提供知识及形成的习惯民俗等列入了社会效益当中。张德成（2009）认为森林的社会服务功能包括科学教育、医疗服务、游憩娱乐等价值。李忠魁等（2010）认为森林社会效益价值应包含文物古迹环境、宗教环境、教育价值、科研价值、古树名木价值等方面的价值。宋军卫（2012）对森林的文化功能研究是国内相对较早正式将森林文化价值单独作为一个概念进行研究的，认为森林文化功能是人与森林在活动中产生的，通过森林文化资源满足人的生理和心理需求，主要包括给人美的感受、激发创作灵感、加深文化认知、承载历史、地理标识、身心保健、塑造品格、提供游憩及改善居住环境等功能；朱霖（2015）对国外的森林文化价值指标进行汇总分析，提出森林文化价值包括具有审美、健康、精神感召及灵感等的福利价值、游憩及采摘的体验价值、由古树名木和文化遗址承载的历史价值和科教价值；樊宝敏（2017）论述了培育森林文化价值的必要性及影响因素，并提出通过禀赋优势、民众需求、森林经营等方面来提升森林文化价值的具体方法。

　　同时很多学者对森林文化价值评价也展开相关研究，早在1984年李周、徐智（1984）就对森林社会效益评价方法进行了概括，主要有价值法、效益法和效能法；陈勇、李智勇（2002）将森林社会效益的方法划分为直接市场价格法、间接市场价格法（又称替代市场技术）、非市场价值评价法（又称假设市场技术）；岳上植（2008）针对森林社会效益的不同方面综合使用条件价值法、支付意愿法、市场替代法、差异计算法、机会成本法等方法进行评价；李忠魁（2010）以山东为例，采用调查统计、费用支出法、推算法、市场价值法等方法对森林的文物古迹、宗教环境、教育、古树名木等方面进行核算；宋军卫（2012）、王碧云（2017）采用AHP和综合模糊评价法分别对北京植物园和福州国家公园的文化价值进行了评价；朱霖（2015）、潘静（2017）采用条件价值法分别以北京妙峰山和甘肃迭部县为例进行文化价值评估；刘芹英（2016）采用AHP方法以梁野山自然保护区为例对文化价值进行定性评价。

　　总体而言，国内对森林的文化价值的研究相较于国外尚处于起步阶段，但即便在国外关于森林文化价值的概念、分类及评估方法依然存在争议，尚未形成统一的被广泛认可的架构体系。尤其是在森林文化价值评估方面虽然国内外做了很多探索，但是由于文化价值的非物质化特征，使评估过程中存在很多困难，在现有评估中往往倾向于将森林文化价值划分为若干组成部分，然后针对不同的价值分类采用直接市场、替代市场等方式进行货币化衡量，但是一方面森林文化价值作为一个价值整体分解后的评估可能会不能完全体现其价值总量，另一方面由于非物质化的特点及森林文化价值供给作为一种准公共物品及信息不对称等问题的存在，使无论采用何种方式定价都存在一定困难，使货币化的评估存在广泛争议。在评估中另一种倾向是对森林文化价值进行定性评价，这一评估方式的主要问题在于不能对森林文化价值进行量化比较，不利于不同森林文化价值的比较，在实用过程中存在缺陷。所以如何针对森林文化价值的特点，在文化尺度内提出一个合适的价值尺度，并建立一套相适应的评价方法显得非常有意义，而本书正是基于此提出了森林文化币的概念并建立相关评价方法。

三 虚拟货币的研究进展

虚拟货币是随着互联网的发展产生的，起初只存在某些局部网站内部，最早的虚拟货币可以追溯到 1998 年 Flooz 网站的 F 币，往往以积分等形式存在，随着发展，功能和流通范围逐渐扩大，可以在局部系统内部实现交易，比如 Q 币、魔兽币等，尤其活跃于游戏网站。而目前以比特币为代表的一些虚拟货币已经开始全网流通，并可以和实体货币进行兑换交易，从而引发了广泛的关注。虚拟货币在国内外并没有一个统一的概念，由于出发点不同其概念也存在差别，例如，文化部主要从游戏角度进行的定义认为虚拟货币是由游戏公司发布，游戏用户使用货币购买，存储于服务器内，以特定数字单位表现的一种虚拟兑换工具。美国财政部认为虚拟货币不具有货币所有属性，只是一种交换媒介。欧洲银行业管理局认为虚拟货币不是由政府机关发行，但却被作为支付手段被大众接受，可以转让、收藏和交易的工具。

国外对虚拟货币的研究起初主要是对网络游戏中的虚拟交易货币进行研究，近来又将比特币等网络虚拟货币纳入研究体系。国外学者以网络游戏作为切入点，将虚拟货币看作一种局部交易手段，并有可能突破游戏空间成为更广泛的交易手段，并对消费者对虚拟货币和法定货币的兑换比率进行了研究（Hiroshi Yamaguchi，2004）；Edward Castronova（2002）将消费者行为理论运用于游戏世界虚拟货币交易分析，得出游戏难度和购买虚拟货币之间关系模型。Giungato，P. (2017) 等对比特币产生的机理、运行机制、未来趋势及存在的风险进行了分析，并提出了监管建议。

国内对虚拟货币的观点并不统一，有的学者认为虚拟货币只是带有一些货币属性，并不是真正意义的货币（邱晗，2008；谢灵心，2011）；有的学者认为电子货币包含虚拟货币（黄琼，2010），如支付宝等形式；有的学者认为两者存在交叉但不完全包含，将预付卡等也算作虚拟货币（苏宁，2008）。同时也对国内虚拟货币的发行机制、交易过程及交易影响因素进行了分析（孙宝文，2009）。国内学者也针对以比特币的运行机制、价格形成、交易模式、风险管控从经济、法律、金融等多个方面进行了剖析，形成新的研究热点（贾丽平，2013；谢杰，2014；邓伟，2017）。

虚拟货币研究虽然还存在很多分歧，但对其研究表明，虚拟货币主要是以互联网的形式存在并发展起来的，存在形式有积分、游戏币、消费币，而其存在已经对现实经济体系产生了重要影响，尤其是以比特币为代表的虚拟货币很可能存在相关风险，需要加强监管和引导。虽然相关研究还不够成熟，但是依然对森林文化币提出和运用有很好的借鉴作用。

第四节　研究方法及技术路线

一　研究方法

本书基于时间价值理论、劳动价值理论、梯度理论、协调理论、系统理论及可持续发展理论等理论基础，采用文献分析法、专家评估法、层次分析法、态度分析法及建立相关模型等方法相结合的综合研究方法。在理论研究的基础上明晰森林文化价值的边界和内涵，对比以往评价方法的基础上提出了以时空作为基础的森林文化币概念，形成新的价值尺度。在充分讨论森林文化特点和森林文化币概念的前提下，建立起森林文化币核算模型。通过综合运用文献分析、专家评估、层次分析等方法，建立起森林文化力指标体系，明确相关指标权重及评分矩阵，将核算模型进行了拓展；同时引进环境承载容量模型作为约束条件，对森林文化币模型进行优化，从而形成了森林文化币流量简单模型、在森林文化力条件下的森林文化币流量拓展模型、在环境承载容量约束下森林文化币流量模型三个模型，初步建立起森林文化币核算的基本理论框架。在这一框架下选取香山作为案例点进行实证分析，通过实地调查和问卷分析相结合，获得大量一手资料和数据，结合文献分析的间接数据，对香山公园的森林文化价值进行估算，展现了森林文化币这一新的价值尺度在森林文化价值评估中的实用性和可操作性。

二　研究方法及技术路线

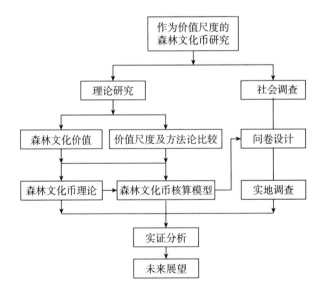

图 1-1　技术路线

第二章

森林的文化价值论

第一节　森林生态系统价值及构成

森林是以乔木为主，各类灌木、草本植物、地被植物及其他动物微生物共同组成的有机体，同时各类生物和周边环境，包括土壤、水、空气等非生物环境发生物质循环和能量交流，构成了独特的森林生态系统。简单地说，就是以乔木树种为主体的生态系统（李俊清，2006）。森林生态系统作为陆地生态系统的最重要组成部分，对人类具有多种效益和价值已经成为学界的普遍共识，根据不同的分类标准，目前学界主要有以下几种划分方式：

一　五分型分类

美国经济学家 A. Freeman（2002）从大的分类上认为森林生态系统价值具有使用价值和非使用价值两部分，同时又进一步细分为五部分（直接使用价值、间接使用价值、选择价值、馈赠价值和存在价值），如图 2–1 所示（孟祥江，2011）。

（一）使用价值

使用价值是指森林生态系统能够提供给人类使用、满足人类需求和偏好时所体现出的价值，此处的使用价值和政治经济学中的使用价值所属范畴不同，前者属于效用论范畴，后者为劳动价值论范畴。它可以进一步划分为三部分价值：直接使用价值、间接使用价值和选择

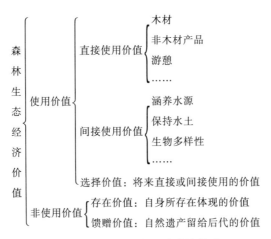

图 2-1　森林生态系统价值构成

价值。直接使用价值是指人们可以直接从森林生态系统获得的价值。例如，木材、果实药材等非木材产品、景观美感、游憩休闲、教育科研等能够直接获得的价值；间接使用价值是指人们不能直接获得而是间接地使用森林资源时所得到的价值，比如森林通过生态系统涵养水源、净化空气、保持水土、调节气候、缓解全球变暖、保持生物多样性等价值；选择价值又称为期权价值，是指为了人们未来能够使用而选择保护的价值。相当于一种期权价值，即面对当前的使用价值，人们为了将来能够使用该价值选择放弃当前的使用机会，它与森林资源的风险和不确定性相联系，森林的选择价值类似于保险，是为将来需要时能够使用它，在构成上是未来的直接使用价值和间接使用价值。例如，对珍稀物种的保护、对资源的可持续利用。

（二）非使用价值

非使用价值是指人们非常愿意为那些他们并不使用的价值付费。分为馈赠价值和存在价值，馈赠价值是指为子孙后代保留的价值。存在价值可以从人们的责任感、文化继承、对其他物种的同情等角度理解，人们对资源并不存在使用它的意图，仅仅因为它存在，也有一定的支付意愿。例如，人们对热带雨林的保护，人们可能一生都不会去到那里，但是人们却会为了它的存在而支付费用保护它不被过度砍伐。

二 四分型分类

四分型分类主要指联合国千年生态系统评估报告（MA，2005）中提出的分法，在该报告中将生态系统的服务价值和人类福祉相结合，提出生态系统具有支持服务、供给服务、调节服务和文化服务四种价值（见图 2 - 2）。森林生态系统调节服务价值是指人类通过森林生态系统发挥调节气候、净化空气、保持水土、涵养水源等调节作用获得的效益；供给服务价值是指人类从森林生态系统中获得食物、木材、药材等产品供给；文化服务价值是人类通过消遣娱乐、美学享受、发展认知、生态教育等方式从森林生态系统获得非物质的服务效益；支持服务价值是森林生态系统通过养分循环、土壤形成、能量交换等方式对整个生态系统的支持。文化服务价值作为其中重要的一环，对人类福祉尤其是精神方面的积极影响日益被人们重视，如何发挥森林的文化价值已经成为学界新的热点。

图 2 - 2 生态系统服务构成

资料来源：赵士洞，2006。

三 两分型分类

David Edwards（2011）将森林价值划分为偏好相关价值和非偏好相关价值，尤其对偏好相关价值进行了详细划分（见图2-3）。非偏好相关价值是指森林生态系统通过自身功能提供的服务效益，例如，森林在涵养水源、缓解气候变暖等方面。偏好相关价值是与个人偏好有关，或者说是根据个人偏好选择从而决定了森林对人的效用（朱霖，2015）。

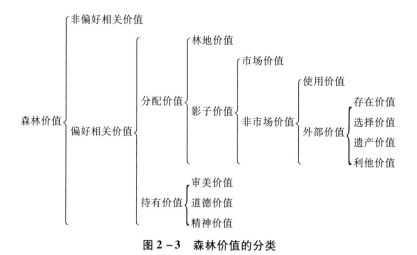

图2-3 森林价值的分类

第二节 森林文化价值概念

森林文化价值的概念我们在综述中已经做了初步讨论，以现有的概念而言，学界至少在以下几个方面达成了初步共识。一是森林的文化价值给人带来的是非物质的效益。二是森林文化价值的感受是在森林环境中通过人林互动产生的感受。三是其基本构成要素包括森林环境、森林文化行为、森林文化价值主体三部分。其中森林环境是森林文化价值产生的场所，由森林中的动植物资源、土壤、空气等各种要素构成的空间，包括森林景观、相关故事传说、文物古迹及提供的生态服务，为人与人及人与自然互动提供了必要场所（Church，A.，2011，2014；Fish，R.，2016）。森林文化行为是森林文化价值产生的中介，将森林环境和人类在其中获得效益连接在一起，主要是指人与森林环境发生的互动行为，包括游憩、运动、采摘、摄影、进行科研、获取知识、感受当地风俗、参与诸如森林音乐会等文化活动以及其他不以获得经济利益为目的的人类活动（O'Brien，L.，2017；Fish R.，2016）。森林文化价值主体主要是指森林文化行为的发起者，主要指自主参与森林文化价值感受的游客和居民，他们的活动不以获得经济报酬为目的，主要为了获得自然体验、提升技能、获得身份认同等非物质性的收益。

根据上述分析可以将森林文化价值定义为在森林环境中森林以特有的性质为人类提供非物质化的服务，在这个服务过程中森林文化价值主体通过具体的文化行为和森林产生互动，对人的生理和心理产生积极的影响，结合价值主体的过往认知和经验使价值主体获得非物质层面上的满足。其价值大小实质反映的是森林对人的吸引力和非物质效益的服务能力，其关键在于对人需求的满足和与人的良性互动，可以用"人与森林共生时间"这一概念来衡量（樊宝敏，2017）。在这里一方面它是指由于森林自身的特性，人们为获得身心愉悦感而在森林中停留的时间；另一方面它还包含了历史中人们创造的被现在森林吸收保存并能够服务人类活动的时间。此外，"共生"是指和谐的共生，相互促进、彼此依存的关系，诸如乱砍滥伐造成森林生态系统被破坏甚至消亡的行为并不在这一"共生"概念范畴中。

第三节　森林文化价值产生和发展

一　森林文化价值的产生

森林文化价值是伴随着人类产生而产生的，并在人类与森林的互动共生和社会发展中不断积累而成。在森林文化价值产生之初，主要是对人类基本需求的满足，人们通过视觉、听觉、味觉、嗅觉、感觉等生理感受直接从森林获得愉悦感。这种愉悦感的获得是人类基因自带的，只需要走进森林环境就会因森林特有的生态环境，让人有生理和心理的满足（例如，森林景观、舒适的环境等）。由于人类对森林的依赖和畏惧产生了对森林的图腾崇拜，在森林的实践活动中形成了相关的文艺作品、民俗传说。森林文化价值开始直接作用于人的精神情感，引发人与森林更深层次的交流，逐渐形成固定的基础设施、宗教场所和更多的文化作品，并随着时间推移和人类历史紧密结合，森林中发生了大量的重大历史事件，保存下众多文明古迹，使森林历史价值不断提升。价值的不断累积也让人在森林里驻足的时间更长，并吸引更多的人来到森林。同时随着社会文化的发展让人们对森林的认知更深入，对森林的情感更丰富，形成特有的森林文化和情感。在漫长的互动过程中，两者不断调整的关系，使森林承载了越来越多的人类文化，同时也让人类社会拥有了更多的森林记忆。这是一种森林人格化和人格森林化的过程（宋军卫，2012），也是森林文化价值形成和发展的过程。

二　森林文化价值的发展历程

在不同的社会时代、不同的环境条件下，人类对森林的文化价值需求也是不一样的。因为森林的文化价值主要是指对人精神需求的满足，因此不同时代不同主体有着不同的特点。

在生产力比较低下的时代，人们更关注的是森林的基本供给服务，对森林的需求主要体现在森林能够提供的物质产品，即提供烧柴、生产木材、建设房屋、提供蚕桑解决穿衣、提供木本粮油解决吃饭等。同时在精神上的需求，由于对自然的认识受时代局限，主要体现在森林的原始崇拜，通过祭祀等活动和森林互动，同时少数贵族和统治阶级已经开始追求更多的文化价值，例如，游猎、野营、建设园林等，从而获得美学价值和休闲价值。

在工业时代，由于过度追求经济效益，造成环境污染和生态破坏，人们开始审视过往的行为，形成了生态思潮，对森林的生态服务功能认识日益深刻；同时随着经济社会的发展，人们休闲需求不断扩大，森林公园及自然保护区建设力度不断加强，城市绿地和公园数量日益增多，对森林文化价值的感受层次也不断增强。

目前，随着社会发展，人们生活水平大幅提升，对森林文化价值的需求与日俱增，建设生态文明社会已经成为国家的重要战略任务。面对群众对优质生态产品和文化生活的需求不断增长，尤其是当前中国，生态文明价值观已经逐渐成为社会共识，人与自然和谐发展成为现代化建设的重要目标。而森林作为陆地生态的主要部分，在建设美丽中国的战略规划中将有着不可或缺的作用。用发展的眼光看，人类现在及将来更加需要发挥森林的文化价值，建设高文化价值的森林，可持续性地发展人文林业，满足人们日益增长的对森林各项文化价值的需求。

三 森林文化价值特征

（1）直觉性。对森林文化价值的感受，尤其是对森林美学、康养等价值的体验往往不需要更多理性思考和感情判断，可以直接通过视觉、听觉、嗅觉、味觉、触觉等多种生理感受，直接体验森林文化价值，甚至对于不曾接受过文化教育或者身患疾病的人也可以直接感受文化价值的存在，这是因为人类长期进化过程中，森林的印记已经成为人类的内在"基因"，在森林中内心潜在的渴求得到满足，而这种需求是全人类共有的。

（2）情感性。森林文化价值的感受和人类情感密切相关，贯彻整个森林文化价值体验过程，一方面森林文化价值体验活动会激发人的情感，结合人以往的认知和当下的情绪产生不同的情感体验；另一方面人们的情绪、情感状态也会影响人们对森林文化价值的感受程度和感知效果，例如，当人心情愉悦时看到森林可能会感受蓬勃的生命力，而当人心情低落时，可能会更关注森林阴柔的一面，产生"感时花溅泪，恨别鸟惊心"的联想。

（3）层次性。森林文化价值是人作为行为主体和森林客体的互动中产生的，其价值体验和人密切相关，由于主体的知识构成、人生经验、价值理念、情感状态的不同，对森林文化价值的感知存在个体差异性，其体验层次是不同的，从感官愉悦到思想顿悟，因人不同而对森林文化感知具有不同的深度和层次。

（4）愉悦性。森林文化价值的外在体验形式和给人带来的心理体验形式虽然多种多样，但无论是由感官愉悦延伸至精神愉悦还是由情感体验升华为人生感悟，最终结果都应是给人带来心理愉悦的感受。

（5）非物质性。森林文化价值的发挥更多是无形的，以非物质的效果呈现，这不同于森林系统的其他服务效益，既不会提供木材产品、食物等直接物质产出，也不同于森林生态系统释放氧气吸收二氧化碳这样的物质交换，更多充当一种媒介，激发人精神层面的愉悦感，是一种主观效用，很难采用物质化的计量方式。

（6）绿色性。绿色是森林的本色，也代表着生态和谐，森林文化价值本身就是人与自然和谐相处产生的，符合"天人合一""道法自然"的传统思想，其价值的实现不仅不会对森林造成伤害，还会有助于重新认识人与森林的关系，构建起人与森林和谐发展的运行模式。

（7）历史传承性。森林文化价值的产生不是一成不变、始终如一的，而是通过对历史价值的承载吸收不断丰富完善形成的，是一个漫长的积累过程，在和人漫长的互动的过程中，价值量不断扩充，从生理满足到心理满足不断深化，形成特有的历史文化、宗教艺术等价值，这些价值千百年来被人不断吸收、传播、再造，形成了社会普遍认同的价值概念。

（8）地域与民族性。森林的广泛分布本身就有着极具代表的地域性特征，而不同地域的民族在宗教信仰、社会环境、价值体系、生活习俗、历史文化等各方面都有着显著差异，自然对森林的认知、情感和态度也有着明显的不同，这些差异和不同也决定了不同地域的森林文化价值内涵和构成各具特色，具有鲜明的地域性和民族性。

第四节　森林文化价值的层次

一　满足感官层次需求的价值

即通过直观感受来获得的森林的文化价值，主要指人们进入森林中生理直观感受到森林的美景、舒适的环境。人们通过感官系统直接从森林获得愉悦感，这种愉悦感主要源于人类本能，由于森林特有的生态环境让人获得生理的满足，达到精神的幸福感。这种本能主要是人类的情绪反应，是客观环境的变化作用于个体的感官构成对个体的外界刺激反应。正如神经学家的研究表明，个体情绪的反应强度与激活状态有关，激活分为正性激活和负性激活，通过激发不同的激素分泌产生快乐和痛苦的情绪（Waston，1999），这种情绪产生是由外界刺激经生理反应激活大脑的相关部位而产生的，通过植物性神经系统分泌来完成的简单神经回路，不需要经过知识等深层次的加工。所以在这一阶段主要是森林通过优美的环境、舒适的感受等生理刺激，激发脑神经的唤起水平，从而让你感到愉悦和幸福。而在休闲理论方面的研究也有类似的划分，一般将这个阶段称为随性休闲（Stebbins，2006），指人们不需要专业素养，便可以在短时间内获得愉快的体验和积极情绪，其缺点是长时间会产生无聊的情绪，如果人们仅仅是追求感官的刺激那么其森林文化价值的感受就会停留在这一阶段，但是由于森林文化的影响人们往往不仅仅局限于此，而是追求更高层级的价值，以满足更深层次的需求。

二　满足认知层次需求的价值

这一层次的满足不再局限于森林给人带来的生理愉悦感，而是建立在森林人格化的基础上，包括森林中古树名木、文化遗址、指示说明、文学艺术作品、宗教图腾等带有明显人类活动痕迹的指示物。人们通过这些可以与森林产生对话和互动，不再单方面地从森林吸纳，而是开始主动了解森林，在不断加深的认知中与森林久远的历史和存在价值产生对话，获得新的知识，满足人的好奇心。而心理学的研究表明，适当的心理刺激，例如，对新的知识的获得和融入，会增强人的快乐，而神经心理学也指出学习效应会让人感到更快乐，当以往学习获得的知识和经验与实际结合起来的时候，会让人的好奇心得到满足，获得愉悦的心情（魏翔，2015）。例如，人们单纯欣赏红叶和将霜叶红于二月花这样的诗句联系起来，会获得不同的心理体验，无疑后者会让人获得更高的效用。而在主观幸福的神经生理学研究中指出，主观幸福的形成分为三个阶段，即情绪反应、情感体验和认知评价三个阶段。这个层次的需求满足与第二阶段相符，低级情绪在边缘系统的情感中枢进行加工，形成更丰富的内心体验，在加工过程中要与以往的情感记忆进行结合从而产生新的信息输出。这一阶段森林中感受会受到人们教育背景和文化程度影响，在森林中产生的情绪与过去的经验相结合，让人更深刻地理解森林文化价值，比如黄山的迎客松、井冈山的红色文化、五台山普陀山的佛教文化，这些深深根植在当代中国人文化基因里的指示性价值，随着身临其境能够更好地产生文化共鸣，激发灵感，产生更深的幸福感。

三 满足情感层次需求的价值

人们对森林文化价值产生认识和态度的进一步升华，就会对森林产生情感，把人与森林看作同一个系统，形成人与森林的相互位置确认，产生各种情感。例如，少数民族地区神树的崇拜，是对自然的敬畏和崇拜，进一步对森林的了解与相处，人类会对森林产生一种情感依赖，甚至作为一种情感寄托，随之人们会把这种认识带到现实生活中去，形成强烈的生态响应，主动地参与森林文化建设，形成森林文化价值观，在日常生活中践行生态价值观，在行为上具有明显森林文化印记。心理学家认为，人的行为主要由内在激励造成的（魏翔，2015），人对一件事情感兴趣，就更愿意做这件事情。森林文化价值就在于让人感到精神愉悦，这种愉悦感让人持续地参与到森林文化价值相关的活动中去，对森林文化价值的热爱、参与、传播等方面，在自我强化、自我实施中不断加强，而幸福感也向更大的方向发展，从而形成一个良性强化过程。而神经生理学家也认为主观幸福的最高阶段是对情感的高级加工和认知阶段。其处理位置位于脑部中枢位置，形成于进化的较晚时期。通过海马中枢将人类情感加工成后天习得带有明显文化烙印的社会性评价。而森林中丰富的文化资源也为人们开展深度休闲提供了支持，让人们成为业余者、嗜好者或者志愿者，人们会形成专门的爱好，为了乐趣投入大量的精力，并在其中获得精神的满足，同时不涉及经济收益，乐于帮助别人并从中获得快乐，他们都乐于向别人分享，形成固定的次文化圈子，比如攀岩、爬山、摄影等爱好者，都会对自己的行为有强烈认同感，并且对活动的参与乐此不疲，大量投入时间和精力。

第三章

森林文化价值构成

第一节　森林的美学价值

人们对森林美学价值的研究可以追溯到 18 世纪的德国。当时，德国受到正在英国兴起的风景园林的影响，开始注意森林的自然美而人们开始有意地美化森林。在英国，Wiliam Gilpin 在 1791 年出版了《森林风景论》，论述了森林风景的构成和美的特征。在德国，有的山林学校在 1797 年开设了美学课，森林美学意识开始萌芽。

1824 年，德国著名林学家 V. D. Borch（1771—1833）在他主编的《森林》杂志上发表文章，试图对森林美化的思想给以规范，但是遭到当时的经济主义至上者的反对。于是他在 1830 年又发表了《森林美论》一文，对其批评者进行反击，认为施业林的功利要求和美的社会效益并不矛盾。其主要贡献在于在德国首倡要发挥森林的美学价值，为森林美学的发展奠定了最早的基础。

Gottlob Konig（1776—1849）认为美化森林是文明的表现，它对于提高国民精神素质有很大作用，对于林学家来说，也会由于这一贡献而提高对职业的自豪感，从而完善了对林业的认识。Konig 的这些思想，到今天也不乏其价值。他和 Borch 一起作为森林美学的先驱，在森林美学史上占有重要地位。F. Judeich（1828—1894）在谈论森林效益时，将森林美学价值等纳入了森林的社会效益当中，森林效益评价的界限拓展到森林美学价值范畴。同时代的林务官 V. Baur（1830—1897）也很重视森林美学的意义，他于 1885 年在《中央林学杂志》上探讨了森林对德国的绘画、音乐、诗歌等方面的影响，将森林激发人的创作灵感等作用引入美学价值讨论。

森林美学真正成为一门科学是由 19 世纪末德国林学家 V. Salisch（1864—1920）创立的，他在 1885 年出版了不朽的《森林美学》一书，自此开创了森林美学。

虽然之后森林美学又有了一定的发展，但总体而言，这个时期的观点并没有超越 V. Salisch 森林美学观的范畴，而森林美学的研究和发展由于第一次和第二次世界大战处于停滞状态。在第二次世界大战后，森林美学的研究才有了进一步的发展，并形成了将森林美学和造园学结合起来的新潮流，即开始了对森林景观学的研究。美国出版的《国家森林景观施业》丛书，不仅用于林业专业人士的培养，也用于对一般民众的教育之用，德国哥廷根大学专门开设森林景观设计等相关课程。而从 20 世纪八九十年代开始，森林美学开始有了进一步的发展，森林美学与森林文化学开始出现融合的迹象，从而森林美学经历了森林美化到森林美，到森林景观，再到与森林文化相融合的轨迹。

20 世纪七八十年代以后，森林美学开始影响到中国，首先兴起于台湾省并出现了诸如《森林景观美学之研究》《景观美学在森林游乐上之应用》《森林美学之探讨》《从人对自然景观的感受关系论森林游乐之规则》等一系列的论文和专著。其中林文镇于 1991 年出版了《森林美学》一书，全面地阐述了森林美学的理论，具有标志性的地位。

就中国大陆方面而言，最早的森林美学源自于 1985 年日本小官隆棋教授在北京林业大学给林业经济系的研究生班讲授了"森林美学专题"，介绍了森林美学相关的理论，开启了大陆森林美学的研究。1992 年王传书、张钧成教授出版了《林业哲学与森林美学问题研究》，是大陆关于森林美学的较早研究。2000 年苏祖荣出版了《森林美学概论》，2009 年赵绍鸿出版了《森林美学》，并出现了一系列关于森林美学价值研究的学术文章，当前国内森林美学价值研究已经日趋成熟，并更加关注如何评估及建设的问题。

一　森林美学价值的概念和内涵

关于森林具有美学价值几乎已是学界共识，但是什么美，美的本质是什么，却没有一个统一的答案，有人强调美是一种主观感受，是由人的主观意识和情感决定的。有人认为美是由客观事物自身属性决定的，例如，认为美是指事物均衡、对称、和谐和多样。而当下比较流行的也是本书认同的观点是认为美是主客观相结合的产物。李泽厚（2005）认为"美的本质是人的实践活动和客观自然的规律性的统一，叫作自然的人化，以此来概括美的本质"。陆兆苏（1996）指出森林的美学价值源于人的精神需求，是森林以其独特构成结合人的记忆通过逻辑加工而形成的新感受。所以森林的美学价值是由审美客体和审美主体相互作用产生的，审美客体森林以自身独有的生态特质通过主体的感官系统将各种信息输送至大脑，结合人们的兴趣、情感、经验，由感性认识上升至理性认识，浮现出新形象，产生喜悦感，使美的感受进一步深化（梁隐泉、王广友，2004）。人在感受森林美学价值时是由于森林客观存在美的因素激发了审美主体的审美需要，通过对客体的美学因素进行再加工，满足主体的内心需求。同时主体将本身的情感、观念、认知等主观思想再投射到森林，这种人内在的外化，引发人精神的满足，从而产生愉悦的感觉，最终形成美的认知（见图 3 - 1）。

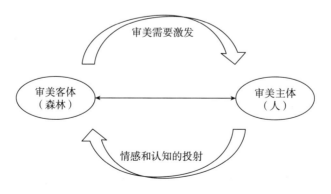

图 3 - 1　森林美学价值概念

这种认知的产生并不是仅仅依存于审美客体（森林的存在）和审美主体的自身意识，必须两者兼备才会产生美的感受，如果没有森林美的客观存在就不会有森林美的产生，而人若主观上不去欣赏，那么森林美便对欣赏者失去了应有的意义。

森林美学价值产生的前提条件是森林美的客观存在，具体而言，一方面取决于森林景观的客观存在，森林的景观价值高低取决于森林景观对人产生的美感的刺激程度，一般而言，森林中色彩的和谐度越高，森林的树龄越大，物种丰富程度越高，树木的搭配比例越协调，其对人所产生的美的愉悦感便越强烈，那么其景观价值便越高。此外，森林与其他景观和设施的搭配也很重要。森林景观不是唯一的景观，一般森林的美往往和山水的环境融为一体，成为不可分割的一部分，就像香山借其红叶的闻名，而红叶也借助了香山的位置和走势。黄山松尤其是迎客松，对于黄山能够秀盖五岳有着极其重要的作用，而松树的附着也正是因为黄山本身山形秀美，位置卓越，又兼有飞瀑环绕，清泉潺潺从而增添了森林美景。而森林和人文景观的结合也是森林景观美的重要因素，人们自古便喜欢森林，讲究天人合一，从而有了很多历史典故成就了很多人文景观。比如欧阳修《醉翁亭记》的优美描写："若夫日出而林霏开，云归而岩穴暝，晦明变化者，山间之朝暮也。野芳发而幽香，佳木秀而繁阴，风霜高洁，水落而石出者，山间之四时也。朝而往，暮而归，四时之景不同，而乐亦无穷也。"使安徽琅琊山闻名于世，同时与北京陶然亭、长沙爱晚亭、杭州湖心亭并称为"中国四大名亭"，更加增添其森林美景。此外，森林游览环境的清洁程度、道路是否安全、相关设施是否完备等都影响着森林美景的价值，因为只有干净的环境、便捷的设施，才能让人在游览过程中，情绪放松，心情愉快，能够最大限度欣赏森林的美景。

森林美的欣赏离不开审美主体人的主观意识，人的主观意识是对客观存在的主观反映，而对美的欣赏不仅仅是对客观的反映，因为任何对客观的反映都要经由人的主观意识，而主观意识又受个人情绪、兴趣爱好、知识沉淀、时代风气、审美修养、社会氛围等因素影响。但是人的主观意识的存在首先依赖于生理因素，因为一切审美活动，都要人去感知，因此如果是一个盲人或者五识不全的人是很难真正地体会森林的美。对森林美的欣赏，需要其具有审美修养，就像一个不懂音乐的人，再好的音乐也是没有任何美感，同样一个对森林不了解的人，也不可能真正地了解森林的美，因此任何一门艺术的欣赏都需要相关的知识和修养，森林美的欣赏也不能例外。最后，人对森林美的欣赏还受到人生际遇和个人情绪的影响，一个人所经历的不同，情绪不一样，那么即便是对待同一件事情，大家的反应也是不同的。例如，看到落花，林黛玉便戚戚然而葬花，《红楼梦》葬花词中有"侬今葬花人笑痴，他年葬侬知是谁？试看春残花渐落，便是红颜老死时"。而有人却看到人生积极的一面，例如，清代龚自珍《己亥杂诗》"落红不是无情物，化作春泥更护花"，展现了诗人积极向上的人生态度和兼济天下的人生志向。这些都展示人们在审美过程中不同的感受。

总之，森林审美是一个主客观相互影响、相互作用的动态过程，这也告诉我们在创造和应用森林美时要注意同时考虑主观、客观两个方面的情况尽量使主客观协调。

二　森林美学价值的层次划分

正如上文分析，森林美学价值是森林审美主体人和审美客体森林彼此作用产生，但其实现还需要通过审美活动来链接。审美活动的产生一方面依赖于森林美学因素的吸引，另一方面取决于审美主体的需要和可实践性，只有当审美主体有了审美需要，对客体发生审美注意，并最终发生审美活动才能真正实现森林的美学价值（见图 3 - 2）。这其中审美主体无疑起着决定性作用，而主体由于森林审美认知、审美态度、审美素养、审美情感等方面存在差异，对森林的美的感知必然存在差异性，正如朱光潜在《谈美》中提到对于同一棵古松，木商看到的是木材，植物学家看到的是根茎叶果等具体特征，而画家更多关注的是沧桑美感，对森林美学价值的感受，恰是这种差异，使同一片森林变成了不同人的不同森林。

这种不同的审美层次，不同学者有着不同观点，陆兆苏（1996）认为森林美应当分为直觉性美感和思维性美感。直觉性美感是人类森

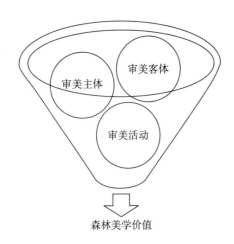

图 3 - 2　森林美学价值实现

林活动中获得的本能，这种本能让人们对森林美的感受是不需要通过思考，由生理直接发生反映直觉性的美好感受。直觉性美感是人们对森林美的共性认识基础。思维性美感是人们通过理性认识而产生的对森林的美好认识，这需要人们通过逻辑思考结合主观感受来产生，是个体对森林美学价值认知存在差异性的原因。冯敏敏（2006）将审美分为感官层次、心意层次和精神人格层次。本书在前人划分的基础上将森林美学价值分为感官基础美、意象情感美和意境美三个不同层次（见图 3 - 3）。

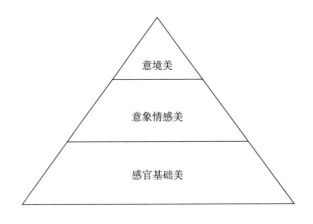

图 3 - 3　森林美学价值层次划分

（一）感官基础美

感官基础美是对森林美认识的最基础层次。正如前文提到的直觉性美感，人类祖先从森林中走出乃至现在一直与森林紧密相连，对森林的喜爱已经烙入人的基因深处，而在森林中的人们通过视觉、听觉、嗅觉、感觉等多种感官都能体会到森林的美，达到生理舒适，并满足精神需求（Herzele，A. V.，2012），这是对森林美感受的基础，也是初级阶段，主要取决于森林的外在形式，是森林自身所具有的客观条件所决定的。这种美直接作用于人的感官，对美的感受不需要刻意的理性思考，是人本能性的反应。

（二）意象情感美

人们对森林美的欣赏并不停留在森林这一单纯客体上，还和人本身有关，这一层次森林由客观存在可感知的形象结合人们的知识结构、个人意志和兴趣等主观因素，使森林转化为被人感性把握的意象世界，具有除了本身意义外的象征意义。意象又被称为"审美意象"，它是主体将客观事物通过自身的情感活动再创造而成的艺术形象，它是构成一种意境的事物（孙际垠，2011），让人触景生情，睹物思人。在这个层次上，审美主体在感知到审美客体的具体形象时，不再拘泥于其所展示出的外在形象，而是通过联想、通感、回忆、想象等心理活动，与审美客体产生更深刻的沟通，将自己的情感融入审美客体当中，获得更高层次的精神满足。其实质就是在以往已有记忆基础上对感官表象进行再现，加工整合，从而再输出。这种输出虽然依然是表象，但是已经是更高层次的反馈，借助着联想和想象，人们对美的感受可以超越时空的限制，对美的体验附加了个人感情，或者说将个人的感情融入对森林美的欣赏中。这种再加工根据程度不一，也分为简单和复杂两种层次，简单层次只是简单联想类比，从外观的神似从而产生不同的审美感受，例如，桂林的象鼻山就是因为像一只象鼻子吸水而得名，秀女峰、望夫崖等也是因形得名，并引申出不同的神话传说；复杂层次需要结合自己的意识与所看到的形象再次升华加工，这与审美主体的人们所处的历史环境、受到的教育有关。例如，当人们看到荷花，不由自主就会想到出淤泥而不染，看到红豆，总会联想到此物最相思，中国传统的诗篇和文化传统，让人们观树不再只是树，更是树代表的具体文化含义和特有的审美诉求，尤其是当自身的经历和森林所展现出的形象相结合，就会激发人类的情感，通过联想和想象，让人们审美从悦心悦目到悦心悦意。

（三）意境美

审美的最高境界是与大自然的物我合一，浑然一体（孙际垠，2011）。在这一层次上，审美主体将个人情感融入森林景观，超越时空界限，获得心灵感悟，震撼人的灵魂，进入"情由境生，情景交融"的境界，达到传统水墨画中强调的天人合一，人物相融。在意象层面，审美主体同审美客体森林的物理属性已经开始产生分离，对森林直观形象的感知已经被激发和传递情感所代替，并表现出不同心理体验。而意境美在此基础上更进一步，做到你中有我，我中有你，将人生哲理和顿悟融入所看所感，将美的感受提升到极致。

三　森林美学价值构成

森林美学价值主要可以分为色彩美、形态美、声音美、韵味美四个方面（见图 3 - 4）。

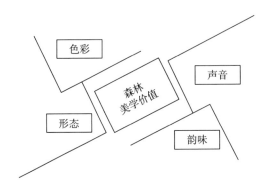

图 3 - 4　森林美学价值构成

（一）色彩美

色彩是森林审美的重要组成部分。森林是以绿色为主色调，其他颜色点缀其间。人之所以看到绿色会有一种愉悦的感觉，是因为绿色的光线反射率为47%，相对温和，不会让人感到厌烦。而进化论表明人类之所以对绿色会表现出偏好是和人类祖先来自森林有关，在进化过程中人拥有了别的大部分动物没有的功能——可以分辨出颜色的功能。尤其是对红、绿、蓝三种颜色具有高度识别能力，其中对绿色的偏爱是因为古人类以植物果实和嫩叶为食物，所以进化中对绿色的识别成了优先选择（李渤生，2013）。此外，森林中色彩丰富，随时间变化而转变，四季色彩各有不同，以绚丽多彩的构图成为森林景观的重要组成部分，陈鑫峰（2003）认为森林的主色彩、色彩丰富度、色彩对比度是评价森林景观的重要组成部分。

森林虽然是以绿色为主，但是其色彩美不仅仅指静止的单一色彩，而是包括丰富的色彩和动态的变化构成的整体色彩美。仅以绿色而言，就因树种不同时节不定，其有色度和阴暗对比的变化，而呈现出墨绿、深绿、浅绿、嫩绿等不同色彩，而这些色彩在不同时节又交相呼应，使色彩丰富饱满，比如春天新叶发出，嫩绿而富有朝气，夏天墨绿成荫，生机盎然，秋天暗绿抑或金黄，都给人以不同的美感。就色彩而言，绿色也不是唯一的色彩，虽然以绿色为主，但是红色、黄色、蓝色、白色、紫色，甚至黑色和灰色都包含其中，尤其是春夏之际，万花盛开，各色花朵争相绽放，万紫千红，争奇斗艳，五颜六色的花朵，铺洒在绿色的林地上，让人目不暇接。不仅仅树叶、鲜花具有色彩美，甚至树皮的颜色和纹理也具有丰富的色彩美感。例如，白桦树就以粉白色的树皮、挺拔的身姿闻名于世。此外，还有绿色、褐色、红色、红褐色、黄褐色等不同颜色的树干，其色彩之丰富，虽不比百花齐放，但也不亚于树叶的色彩多变。在丛林中树皮以其粗犷的外观，多彩的变化，冷暖色的交替，加之光影交错使之美不胜收。森林的色彩是变化的、动态的，森林植物的色彩不是一成不变，而是随时间不同而有着不同的色彩美，就四季而言，春天万物复苏，嫩叶绽放，小草发芽，百花齐放。夏天绿色遮天盖日，灌木成片，乔木挺拔。秋天漫野金黄，果实累累，暗绿明黄，红叶飘飘。冬天漫天大雪，青松傲立，红梅争俏，蜡梅吐芽。甚至一天之内都景观不同，清晨阳光初生，阳光普照大地金黄，植物也身披金边。而傍晚红霞遍天，森林也有一丝红边，再加之树影婆娑，风吹草动形成一幅静中有动的美景。总之，森林的色彩美不局限于单一色彩构成，更注重由于森林生态系统多样性导致的整体和谐的色彩景观。

（二）声音美

I. L. Fish（1972）的研究表明，在人类对外界的 5 种感知中，视觉占 87%，听觉占 7%（林文镇，1991）。所以声音对人类对美的感知有着重要作用，20 世纪 60 年代 Schafer 正式提出声景的概念，并逐渐发展成为一门学科。例如，美国在森林公园保护上认为保护区内发生的各种自然声音，都是公园环境的有机组成部分，与公园内的视觉景色、动植物等一样都应当进行保护。具体而言，人们在声音美的感受中是声音通过特有的物理方式和人的心灵产生共振，从而形成愉悦感，这种愉悦感不仅仅来自声音本身，还和听者所处的环境有关，视觉、触觉、听觉等各种感觉相互影响、共同作用会加深美的感受程度。所以森林中风声、雨声、鸟叫虫鸣、潺潺流水，森林中各种气象元素、地理元素及生物元素在声音上的共同作用不仅给人带来听觉上的美感，也会促进人视觉和整体的审美体验。

森林的声音作为自然界声音的重要组成部分，是森林相关因素和自然现象以及它们的相互作用发出的声音，是森林美的重要组成部分。包括森林中植物生长过程中悄悄细语，也包括丰富多彩的鸟叫、兽吼、虫鸣，也有各生态因子相互作用发出的声音，包括山林中泉水叮咚、溪水潺潺、瀑布轰鸣的水声，也有风过森林、雨打树叶而形成的林涛呼啸等声音。

人们自古便重视欣赏森林声音，《诗经》中有"呦呦鹿鸣""伐木丁丁，鸟鸣嘤嘤"，反映了春秋战国时期人们对森林声音的记载。而国外有人专门录取森林中的各种声音，然后录制成为自然之声，获得人们的喜爱。这是因为这些声音所表达的生命运动的节律，与人的心理倾向相符合，使人感受其中的美感，并唤起对生命和森林美好的联想和丰富想象。具体而言，声音美有以下特点：即一方面以声音展现森林的静寂之美，南朝诗人王籍的《入若耶溪》中的"蝉噪林逾静，鸟鸣山更幽"便很好地诠释了这一点。森林的面积庞大、物种丰富、生命气息浓郁，但是森林更多展现是一种深邃、神秘、幽静的气度，因为其中无论是风声、水声，还是树叶落地、动物爬行，都是细微及不可闻，而森林声音更是以动显静，一声鸟鸣、几声蝉叫不仅不显得嘈杂反而更加凸显森林的寂静，唐代诗人王维的《鸟鸣涧》"人闲桂花落，夜静春山空。月出惊山鸟，时鸣春涧中"就是对这种境界的描述。另一方面，森林的声音美还体现出森林景观构成的多样性。森林有着丰富的声音组成元素，风雨雷电、花草树木、鸟兽蛇虫、江河湖海等皆有其独特发声。树木发芽、鲜花开放、树叶飘落、青草抽节、野果成熟落地皆有其声，虽几不可闻，但我们却不能否认其存在。山间虎啸鹿鸣，杜鹃啼血，喜鹊报喜，蜜蜂嗡嗡，蝴蝶翩翩，动物的声音更是丰富多彩。此外，泉水叮咚，潺潺流水，轰鸣瀑布，雨打芭蕉，风过绿林，树叶沙沙，树枝索索，这一切的多元声音构成了森林整体上的声音美，同时结合动态的色彩和变幻的形态、视听等多重感受叠加，由此更加可以使人感受森林之美。

（三）形态美

森林的美不仅通过色彩和声音表现，还需要和形体相结合来展现。各种图形和状态是构成美的重要因素。如圆形有圆满柔和之美，而正方形有方正、刚劲不妥协的阳刚之美，同时不同的形态还给予人们不同的视觉和心理感受，例如，一般认为形态较大则显得雄伟，小则显得灵动可爱，厚实有敦实、厚重之感，薄则有轻快秀丽之姿。而森林其中包含了各种规则和不规则的图形，又兼有千百种不同的姿态相互交织配合，从而从形态上构成了丰富多彩的森林美感。具体而言，从整体观看森林，高低起伏的林冠线勾画出一幅令人赏心悦目的绿色景致。从森林内部看，则又能看出林木个体形态的丰富性。树木有多种形态，例如，有球形、半球形、不规则形、垂直形、扇形、匍匐状、蔓状等；树枝有垂直向上的，有斜身向上的，有弯曲盘旋的，而每个枝杈又分很多形状。叶的形态更是丰富多彩，富有变化，大体可分为针叶和阔叶，而叶形又可以分为圆形、椭圆形、圆方形、心形、扇形、披针形、马褂状、带状、羽状等。不但不同树种形态各异，就是在同一种树木中，还会因其树龄不同，其枝干、树冠的形态也各有不同，例如，松树在其幼龄、壮龄和老龄阶段都展示出不同的形态。同一种树，由于生长环境的不同，也能形成不同的树形。例如，在山的阳面和阴面的树木便会呈现出不同的类型，有的树干笔直，有的则造型奇特，崎岖盘绕，如生长在悬崖峭壁上的松树，便呈现出各类形态，而中国山水画多以此为原型。

（四）动物美

任何森林，尤其是人类尚未破坏的原始森林都有种类繁多的动物，这些动物是森林的重要组成部分。它们彼此之间存在捕食和被捕食的食物链关系，也存在彼此争夺生存空间的竞争关系，它们之间这种相互作用、相互制约的关系，维系森林生态系统的动态平衡，其中每一种动物都有着不可替代的作用。按其体形大小和生活习性可将森林动物大体分为三类，即兽类、鸟类、昆虫类。

动物不仅以色彩斑斓的皮毛和外形产生美的感受，同时其存在的象征意义也有很强的审美意义。如猴子的灵性、顽皮使人喜欢与之亲近，就像峨眉山的猴子便是其有名的一道风景。此外，野兔、刺猬等小型动物，以其小巧可爱的外形，活泼机灵的个性，让人不由得想与之亲近，体现了真善美的统一，所以人们向来不吝惜笔墨描绘它们。

森林中鸟类是森林动物的重要组成部分，而鸟以其绚丽的羽毛、丰富的形态、可爱的外形、婉转的叫声，一直令人喜爱。养鸟、赏鸟是人们的一大乐趣，例如，仙鹤优美的身姿，出尘脱俗翱翔，一直被人们认为仙界之鸟，天鹅起舞、大雁南飞都让人有美的感受，鸟以其叫声、形态、色彩和身姿给森林增添了无限生机和美丽，也让人们的生活充满诗情画意。

森林中昆虫不仅种类繁多而且数量更是极其庞大，远远超过鸟类和兽类。其个体较小，形态差别很大，色彩也很绚丽。大量昆虫的存在极大地丰富了森林的美，例如，蝴蝶五彩缤纷，翩翩穿行于林木花丛之中，给森林增添了一抹亮色，又如蜜蜂辛勤劳作于花丛中体现着一种劳动美，而夏日山林遍野此起彼伏的蝉声，草丛中蟋蟀的鸣叫以及其他虫鸣，还有夜间萤火虫划破黑暗犹若流星又似萤火，这一切都构成一幅令人陶醉不已的森林美，让人留下难忘的美好记忆。

（五）韵味美

韵味美是指含蓄内敛的美，是给予人联想，引而不发的审美状态，由独特的气质，结合特有的文化而产生的一种思想共鸣。在中国传统的审美观中，意境韵味是审美的最高追求。正如《易经》中提到的"书不尽言，言不尽意"，便已体现出国人的美的追求，不在形而在意（赵绍鸿，2009）。所以在中国的山水画中，不以像与不像为标准，而以其中笔法和用墨中所蕴含的气度和意境为美的标准。而在森林审美中，森林是否有着独特的意境和韵味，引发思想交流才是更高层次的森林美。

森林美很好地诠释了这种意蕴美。例如，冬日的松树，树体笔直不弯，绿叶寒冬尤绿，尤其是大雪过后，白雪压青松，苍翠而独立，具有一种傲世独立的神韵，常令人产生崇高的美感并浮想联翩。深秋到来之际，红叶似火，霜叶赛花之景，使人想到秋之苍茫和人生的晚年也当老骥伏枥，志在千里。翠竹丛生，气节独特，任你东南西北风，我自岿然不动心，而其随风洒脱的身姿，更是成为中国无数书画的着墨之处。又如，柳树树干修长，枝条下垂，随风而摆，人们观之如此景象，往往有观之若仙子凌波，依依可人之貌，使人觉得难舍难分之感，从而有杨柳送别之意。森林物种的繁多，结构的复杂，四季的交替，给人一种博大、团结、和谐、合作、生生不息、大爱无言等精神意韵和道法深邃的智慧和启迪，会给人们带来无限的美感。

此外，森林还与其所处地形和气候构成美，例如，山岚起伏、流水环绕、早晨云雾缭绕、烟雨朦胧这些都会增添森林的美感，在此就不再详述。总之，森林的色彩美、声音美、形态美等共同组成了森林的美，使人从中获得启迪，让人感受到森林的深邃神秘以及其独特的魅力。

四　森林的审美体验过程

森林美学价值的体验过程实际是人在森林美学元素的刺激下，通过生理和心理一系列变化，产生的一种令人身心愉悦的状态。然而这种状态的产生是人的一种内外交互作用下所产生的心理状态，很难用自然科学的手段进行测量，但是可以大体从以下两个方面进行分析：

一方面森林本身物种丰富，构成复杂，规模的庞大，使人置身之中，自然会产生一种敬畏向往之情，同时森林寂静的环境、独特的风景，完全不同于人类所日常居住的地方，当身处自然的怀抱，会被这种幽静而脱俗的环境气氛所拥围，使人心境平和，忘却尘世的日常琐事，进入审美注意。这种注意是一种无意识的关注，这种关注会让人产生对森林美的向往之情，让人有一种全身心投入森林拥抱自然的冲动，回归精神的平静，找到精神上的寄托所在，从而获得身心的自由和解放，产生发自内心的精神愉悦，使人感受人与自然和谐共生，达到天人合一的状态，这便是森林审美所追求的境界。

另一方面森林所具有的独特生态环境，和人自身的生理和心理产生交互作用，满足人们心理和生理的诉求，给人以肉体和心灵双重愉悦感。例如，森林里丰富的负氧离子，使空气清新，使人在其中能呼吸畅快，森林独特的气候小环境，能够维持令人舒适的湿度和温度，森林中花草树木的芳香气味，可以通过嗅觉影响人的中枢神经，消除疲劳，缓解身心压力，甚至森林中绿色由于其柔和的色彩通过视觉神经影响人的生理过程，可以消除视觉的疲劳，有放松身心的功效。身体的舒适，压力的缓解，所造成的生理快感又会给人带来良好的情绪和心境，而这反过来给人在森林的审美过程中创造了良好的心理积淀，使人们在森林中更好地欣赏森林美景，使身心更加愉悦。而这种物我、身心的交互作用不断加深，从而使人们在森林审美过程中获得精神的升华，不仅获得生理的快感，还可以使人净化心灵，陶冶情操，最终获得精神境界的提升。

森林美景不仅可以让人赏心悦目，还可以激发人类情感。人皆有爱美的天性，而森林具体可感知的美及其组成的各种花草树木，以其灵动和特有的生命力，使人可以感受其中的种种内在含义，让人触景生情，观树思人。其主要作用机理是因为人有主观性，人在森林审美过程中会产生联想和想象，即通过对所观察到的东西为激发物，结合自身所具有的记忆和素养，从一种事物想到别的事情上去，从而产生各种情绪。感物伤怀，触景生情是人们比较常见的心理状态，而森林在其中扮演了极其重要的角色，其表现方式最常见的有以下两种方式：

一方面是人们看到森林各种要素，托物言情，诉诸笔端形成了无数诗文名篇，在这里我们可以找出无数作品来佐证。从《诗经》"伐木丁丁，鸟鸣嘤嘤，出自幽谷，迁于乔木"到《离骚》"余既滋兰之九畹兮，又树蕙之百亩"；从陶渊明的"采菊东南下，悠然见南山"到李白的"太华生长松，亭亭凌霜雪，天与百尺高，岂为微愠折"；还有杜甫的"国破山河在，城春草木深。感时花溅泪，恨别鸟惊心"等无数诗篇无不显示着作者借助林间生物表达或喜或悲，或沮丧或激昂的各种情感。

另一方面是人们也在长期实践中形成了特定的习俗，赋予了花草树木以感情寓意，从而在日常活动中也会因看到这些花草树木而激发个人感情。例如，红豆相思，据传古代有一位女子，因丈夫死在边地，哭于树下而死，化为红豆，于是人们又称呼它为"相思子"。唐代王维在《红豆》中写道："红豆生南国，春来发几枝。愿君多采撷，此物最相思。"成为红豆相思的代表作，也代表了人们对红豆作为相思之情的代表物，所以情人多以红豆相赠，而人们看到红豆也会自然萌发对恋人思念之情。又如，折柳送别，这种习俗最早见于我国第一部诗歌总集《诗经》里的《小雅·采薇》"昔我往矣，杨柳依依；今我来思，雨雪霏霏"。因"柳"与"留"谐音，可以表示挽留之意。离别赠柳表示难分难离、不忍相别、恋恋不舍的心意。白居易《青门柳》："为近都门多送别，长条折尽减春风。"鱼玄机《折杨柳》："朝朝送别泣花钿，折尽春风杨柳烟。"李白的《春夜洛城闻笛》："谁家玉笛暗飞声，散入春风满洛城。此夜曲中闻折柳，何人不起故园情？"可见柳树的离别之情，保重之意，让人观之总是想起远行的友人和亲人。此外，萱草忘忧、花开富贵、竹报平安等花草树木都是寓意其中，而又反过来激发人们的情感。可见森林既可因其自身形态展现美，也可通过各种情景激发人类的情感，从而发挥更大的作用。

第二节 森林的休闲游憩价值

中国一直有森林休闲游憩的传统，春秋时代，老子在《道德经十二章》曰："驰骋畋猎，令人心发狂"；孔子认为"仁者乐山，智者乐水"。在《礼记》里也提到："故君子之学也藏焉，修焉，息焉，遊焉。"可见休闲游憩活动自古便有，并且深受人们喜爱。

通过森林游憩活动，古人享受到森林的文化价值进而创作出许多流传千古的诗词歌赋游记等文学作品。汉司马迁游九州而成《史记》，北魏郦道元访山川而著《水经注》。唐宋诗词关于森林游憩的诗词更是灿若繁星，像李白的《蜀道难》、杜甫的《望岳》、杜牧的《山行》、朱熹的《春日》、欧阳修的《醉翁亭记》，王安石的《游褒禅山记》，苏轼的《游石钟山记》等，都是作者在森林游憩中获得创作灵感而成的千古名篇，明时的徐霞客更是在森林游憩中促进了中国地理学的发展，铸就了《徐霞客游记》这样的名著。

尽管古人有着森林游憩的习惯和悠久的传统，但是这还都仅仅是森林游憩的雏形，并不算是真正意义的森林游憩。真正意义的现代森林休闲游憩源自于美国黄石公园的建立，而中国在1982年建立张家界国家森林公园，开始了中国现代森林休闲游憩。

一 森林休闲游憩价值内涵

森林具有休闲游憩价值已经被大家广为接受，但是国内对于森林休闲游憩具体内涵却有不同看法，有的学者认为森林游憩和森林旅游是一件事情（陈应发，1994），而有的学者认为森林旅游、森林游憩、森林休闲在概念上是不同的（叶晔，2009），但认为三者具有共同的追求即享受森林健康的环境、体验快乐、自我实现。在本书我们更强调在闲暇时间森林活动能够给人们带来精神满足和身心恢复的效益，便可以划分在森林休闲游憩价值范畴内，包含了通常意义上的森林旅游、森林游憩及森林休闲。

所以森林休闲游憩的价值是指人们在闲暇时间以森林作为场地进行的各种娱乐休闲活动，在活动中给人带来的精神享受和身心愉悦的效用，包括在森林中进行野营、野餐、采摘、游览、漫步、狩猎、骑马、划船、登山、探险、钓鱼、游泳等各种野外活动（详见表3-1）。由于人类的祖先是从森林中走出的，感情上有着对森林强烈的亲自然性，随着城市生活日趋紧张，人们内心的焦虑不断累积，内心压力越来越大，内外因素使人们无比渴望亲近自然，而森林休闲价值便显得尤为重要,当前森林旅游已经成为一种新的时尚和人类最理想的休闲方式(杨馥宁、郑小贤等,2006;于开锋、金颖若,2007)。从2000年起尤其是近几年呈现井喷式发展。据国家林业局统计数据显示,国内森林旅游直接收入从2012年的618亿元增长到2017年的1400亿元,年增长率保持在18%以上。全国森林旅游人数在2017年达到13.9亿人次,占国内旅游总人数的28%,创造社会综合产值1.15万亿元,5年来全国森林旅游游客量累计达到46亿人次,年均增长15.5%(国家林业局,2018)。同时有数据显示,我国生态旅游近十年保持着每年30%的高增长率,其中30%—40%的游客开始转向森林,森林旅游休闲发展已经成为休闲旅游的主要潮流(尹玥,2017)。

表 3 - 1   森林休闲游憩的活动类型一览

序号	活动类型	活动内容
1	观光游览	欣赏森林景色、游览森林自然和人文景观
2	休闲娱乐	林中散步、游戏、聊天、棋牌、野营、野餐、划船、骑马
3	疗养度假	林中小住、森林疗养
4	学习提升	摄影、写生、观察自然、制作标本
5	运动健身	爬山、徒步、攀岩、骑车、游泳、跑步等
6	追求刺激	蹦极、滑翔、探险、漂流等
7	饮食购物	品尝野味、购买森林特产
8	打猎采摘	打猎,钓鱼,捕捉昆虫,采摘蘑菇、野果等

二 森林休闲游憩的特征

森林成为人们休闲游憩的重要场所取决于森林本身独有的特征及森林休闲游憩活动本身的特点,主要包括以下几个方面:

(1)森林景观的复合性。森林作为大陆上规模最大的自然景观,具有独特的色彩、形态、声音、气味等美学要素。而且丰富的地貌特征和多变的气候要素相结合形成了独特的美景。不仅如此,森林往往和人文景观相结合,也正是本书多次论述到的森林文化功能,让其更具有特色。各种历史古迹和历史事件、名人典故等各种文化要素相互结合。将人文要素和自然要素相互结合，使人们在森林中不仅感受到大自然的美好也能受到文化的熏陶，从而使森林景观具有复合性景观特征。

（2）森林生态环境的优越性。森林里大气环境质量好、负离子和植物性挥发物质、森林小气候等使森林成为一个天然氧吧和养生场所，在这里人们可以放松自己的精神，使自己的身心得到保健。不仅如此，森林还有丰富的生物品种，增加人们在游憩过程中的乐趣，使人们在森林中身心愉悦，而且可以观察动植物，感受野趣。

（3）森林游憩方式的多样性。随着社会的发展，人们对游憩方式的需求也越来越多样化，而森林休闲活动的内容和形式也日趋多样化，能够提供多种多样的休闲活动。比如登山、攀岩、森林徒步、骑马、漂流等健身活动；森林浴、氧气疗法、温泉疗法等保健活动；野营、野餐、漫步、垂钓等休闲活动；观赏森林美景、观赏奇花异草、观赏野生生物等观赏型活动；采集标本、森林实习、摄影采风等科普艺术活动。而森林因为其独特的生态结构不断满足人们求新、访奇、求知、保健等需求。

（4）森林经营方式的可持续性。森林休闲游憩并不会对森林的生态环境造成很大的影响，而且通过合理的经营，人们在森林游憩中可以获得身心的愉悦，也会得到知识的提高，不仅如此，还会对森林生态保护产生积极作用的同时拉动经济增长，促进就业和相关产业发展。从而使经济、生态、文化三者做到有机的统一，最终有利于森林经营的可持续性。

三　森林休闲游憩的功能

（一）疗养与恢复

美国环境心理学家（Kaplan，1993；Kaplan，R.，Kaplan，S.，1989）提出当代城市生活的复杂性使人注意力长期有目的性专注，使人容易产生精神疲劳，影响人的情绪和注意力，在此基础上提出了注意力恢复理论，认为与大自然接触，一方面可以远离原有嘈杂的生活环境，另一方面大自然为人们提供了恢复性环境，注意力被自然事物吸引，产生自然联想，转移注意力，使精神获得到恢复（李霞，2012）。朴松爱在休闲学中提到休闲可以让人从工作、生活、人际关系的压力中解脱，参加建设性休闲活动是摆脱消极情绪的最佳方案（朴松爱，2005），森林以其独特的生态环境，为人们提供宁静的空间，让人放松心情，消除紧张和疲劳（De，V. S.，2013；O'Brien，L.，2014）；陈怡琛、柏智勇（2017）通过研究森林游憩者旅游体验和幸福感的关系指出，游客在森林休闲游憩时积极情绪受到的影响最大，而积极情绪是人们主观幸福的基石。

（二）促进个人发展

比尔德和拉吉卜曾指出个体在休闲活动中具有掌握技能和知识，提升智力等动机；而森林环境为个人发展需求提供了相应的要素，个人可以在森林中感悟人生、获得心灵净化，有利于形成自我意识和自我成就，促进个人素质的成长（朴松爱、李仲广，2005）。同时，在森林中人们通过对大自然及森林中文化古迹、艺术作品、宗教场所的了解和认知，可以更加丰富头脑知识结构；通过徒步、登山等活动，挑战极限，战胜自我，提升个人的自信心；森林摄影、绘画等活动，尤其是对有爱好者俱乐部类似组织的个人而言，通过交流和练习可以有效提升个人技能，实现自我价值，满足高层次的需求。

（三）社交功能

在马斯洛的需求理论中，归属与爱的需要是五大需求中第三层次，这一层次的需求主要通过社交来实现。德赛和莱恩的需要理论中提到人们渴望被他人所爱和希望在更广泛的社会世界中生活的感觉，这种需要在休闲过程中与他人一起参与，方可最大限度地获得体验。森林休闲游憩无疑给人们社交提供了良好的平台，尤其是当下城市生活节奏过快，竞争激烈，使人们感到孤独和无助，而手机和移动互联网的快速发展，使人更加沉迷于自我世界，缺乏面对面的交流机会，进一步加剧了孤独感。走出户外，到森林中去无疑为社会接触提供了机会（叶晔，2009），森林休闲游憩往往具有群体性特征，有学者研究表明（余雅玲，2013），在森林公园游玩的人们选择与朋友一起占68.82%、与家人结伴旅游占53.03%，通过共同出行有助于增进彼此间的感情，实现爱和归属的需要。而诸如登山、越野、攀岩等活动，人们往往会形成专业群体，或在同类活动中遇到志同道合的人，从而扩大交际面，结识新的朋友，有助于改善游憩者的个人情绪，找到归属感。

第三节　森林的康养价值

人们对森林的康养价值的认识由来已久，几千年前人们就已经开始了用森林进行健康理疗等方面的利用，西汉枚乘在《七发》中写道，楚太子有病，吴客为他治病时说："游涉乎云林，周驰乎兰泽，弭节乎江浔。掩青苹，游清风。陶阳气，荡春心。"表明在西汉时期，人们已经认识到可以通过在森林游憩等方式来增强体质，治疗疾病。在传统中医理论中认为，人应该和地气相接以达到人体的阴阳平衡。例如，明代医学家龚运贤在《寿世保元》中说："山林逸兴，可以延年。"可见森林康养价值在中国古代已经被广泛接受，并用于实践。

当下随着人们健康意识提升和对绿色养生认识的增强，森林康养作为一种新的养生保健方式已经越来越受到人们的欢迎。"森林浴""园艺疗法"已经开始运用于医学实践当中，而关于森林对人生理与心理健康影响的研究也在这种趋势下不断地发展，逐渐成为世界范围内广泛关注的热点。

森林康养价值的运用最早是以"森林浴"的形式出现，对其森林康养价值进行细致的观察和初步的理论归纳一般认为始于19世纪中叶的德国，森林疗法是作为温泉疗法的一部分而存在的，1843年德国的哈特维希把在森林里的步行作为一种"气候疗法"的概念提出，随后根据森林自身特点制定疗程的"森林地形疗法"被正式提出。1982年，日本正式提出"森林浴"的概念，通过森林中挥发性物质来实现对人体的康养，次年日本林业厅发起"入森林、浴精气、锻炼身心"的森林浴运动和绿色运动，开放92处共120万公顷的森林游乐区。随后韩国等国家先后开展森林康养活动，森林康养价值在世界范围内开始被广泛认同和实践。

在我国森林浴最先开始于台湾地区，从 1965 年开始陆续建设了很多森林浴场和森林公园以供人们到这些地方休闲，以恢复精神和消除疲劳。大陆地区对森林浴的研究和运用主要开始于 20 世纪 80 年代，从 1982 年我国正式将湖南张家界命名为国家森林公园开始，全国出现了很多森林公园和保护区，并在一些地方开设了森林浴场，但并没有明确提出森林康养产业的概念。2015 年，国家林业局正式印发《关于大力推进森林体验和森林养生发展的通知》，同年首批森林康养基地试点建设工作的启动标志国内森林康养产业实践的开始，而林业发展"十三五"规划提出，到 2020 年我国将新建森林康养基地 500 处。虽然森林康养价值的利用在我国已经有了长足的发展，但是对森林康养资源的开发和利用的产业发展仍在进一步探索和建设中。

简言之，森林的康养价值是森林以独特的生态系统通过独特的环境，从空气、色彩、声音等多方面改善人体的生理机能，缓解压力，振奋精神，为人们身心健康提供有利条件（Thompson，C. W.，2013；Tyrväinen，L.，2014）。具体而言，森林主要通过以下几个方面来发挥其康养保健的价值。

一 改善空气质量

（一）净化空气

森林可以通过固碳释氧，给人造就富氧环境。森林植物在光合作用的过程中需要大量吸收空气中的二氧化碳，将其固定在森林树干、枝、叶、根中。据测算，森林每生产 1 克干物质需吸收 1.84 克二氧化碳。每公顷森林 24 小时内可吸收 1000 千克二氧化碳，释放 730 千克氧气（吴跃辉，1997）。无论是丰富的氧气含量还是较低的二氧化碳含量都对人体生理健康有着极其重要的作用。现代研究表明，二氧化碳在空气中的含量超过一定比例，就会危害人的健康。通常空气中二氧化碳的含量约为 0.03%，当空气中的二氧化碳的含量超过 0.05% 时，人就会感到气闷、头晕，如果空气中二氧化碳含量达到 4% 的时候，人们就会出现心悸、呕吐等症状，而空气中的二氧化碳含量超过 20% 就会死亡。除此之外，森林还可以通过叶面吸附和滞留及挥发物质黏着等方式有效降低空气颗粒物浓度，减少空气中的重金属和细菌。Yang（2005）通过模型测算北京中心城区 240 棵树一年能够吸收 772 吨 PM10 等颗粒物，陈波（2016）通过对比不同天气情况下城市森林的 PM2.5 质量浓度变化情况，指出森林对吸滞 PM2.5 等颗粒物具有显著功效，森林环境下的空气质量明显优于非森林环境下的空气质量。

（二）调节局部小气候

森林小气候是指由森林以及林冠下灌木丛和草被等形成的一种特殊小气候。由于森林的存在和影响，可以削弱太阳辐射，呈现出温度变化幅度较小、空气湿度和降水量增大以及风速减小等特征。这种小气候环境对人的身体健康有着重要作用，例如，小气候环境可以调节森林内的湿度水平，维持森林中温度的相对稳定性，降低人体皮肤温度，反射紫外线降低其对身体危害。有研究表明，树木覆盖区域温度能够有效降低 4℃—8℃，湿度可以增加 50%。通过森林适宜的气候环境能够调节人体的神经系统，消除疲劳感、振奋精神，从而增进人体健康（薛静，2004）。

（三）增加负离子

空气负离子对人体健康有着重要作用，有"空气维生素"之称，丰沛的负离子能够舒缓神经，促进睡眠，增强人体免疫力，并对癌症有一定治疗效果（李梓辉，2002）。负离子之所以如此重要，是因为大气中的电特性表现为电离、电磁长波、大气电场三个方面，而它们对人体的作用则有所不同。从电场角度说，人的机体是一种生物电场的运动，人在疲劳或得了疾病后，机体的电化代谢和传导系统就会产生障碍，这时需要补充负离子，以保持人体生物电场平衡。虽然负离子是看不见、摸不着的，但与人体的健康关系很大。负离子的保健作用主要表现在通过促进神经系统的兴奋，使人精神振作；有利于加快血氧含量的吸收和利用，增加人体免疫力；可以杀灭细菌和有利于人体内维生素的形成及储存在人体内；能够使肝脏、肾脏、心脏等组织的氧化过程加速，提高各项组织的功能，从而对冠心病、脑血管疾病有一定的疗效；能够通过令气管壁松弛，改善管壁纤毛活动，增强呼吸系统功能，因此对哮喘、高血压、动脉硬化等 30 多种疾病有显著疗效。而森林中空气负离子含量远远高于其他地方，研究表明森林中的空气负离子浓度比城市室内高出 80—1600 倍，森林覆盖率高的地方比相对较低的地方含量高 40% 以上（邵海荣，2000；蒙晋佳，2004）。同时有研究表明，大多数长寿区都是森林山区，这主要是由于森林特有的生态环境，使土壤疏松透气，地表岩层的放射性元素比较容易逸出进入大气；植物叶尖和阳光产生光电效应释放负氧离子，而植物的光合作用和蒸腾作用及树木释放出的挥发性物质都会加速林中空气发生电离，加上森林能够有效吸收空气中的污染物，降低了空气中负离子损耗，使林区空气负离子浓度远高于其他区域（蒙晋佳，2005；韩明臣，2011）。

（四）森林中的挥发物质

森林中很多植物都有其独特气味，如松香花香等，这些挥发性物质具有杀菌、抗炎和抗癌等作用，其对环境和人体健康都有极其重要的作用。其实人们很早就开始利用植物释放的挥发性物质来消毒、治病，例如，早在四五千年前，埃及人就开始用香料消毒防腐，三千年前的中国人已经开始用艾蒿沐浴熏香来杀灭病菌，祛除疾病。人们一般把这些挥发性物质称为植物精气，植物精气的主要成分是萜烯类化合物（不饱和的碳氢化合物）。萜烯类化合物可以通过皮肤和呼吸系统进入人体，对身体有适度的刺激作用，能够促进免疫蛋白数量的增加，有效调节神经系统的平衡，从而增强人体的抵抗能力，达到抗菌消炎、降低血压、利尿祛痰与健身强体的生理功效，同时新鲜的植物精气可以增加空气中臭氧和负离子的含量，有利于杀灭森林中的细菌，增强人们在森林中的舒适感，因此森林中的挥发性物质对神经官能症、心律不齐、冠心病、高血压、水肿、体癣、烫伤等疾病都有一定疗效。植物的挥发性物质还能影响人体的注意过程，缓解人体紧张和压力，使人的身心得到放松。据研究统计，森林植物产生的挥发性有机物化学成分多达 440 种，每年植物产生的挥发性有机物占全球挥发性有机物排放量的 90% 以上。这些挥发物质具有杀菌、安神、镇痛、助眠等作用，以圆柏为例，一公顷森林所产生的挥发物质可对 2 公里以内的白喉、伤寒等细菌进行有效灭杀，而 Burn 等（2000）对采用植物精油镇痛疗法的 8058 位产妇进行调查，有 50% 以上的产妇认为疗法有效。此外，国内外医学界也证实了其在抗癌、调节血压、降低血糖、缓解心理紧张、治疗抑郁症以及阿尔茨海默病等方面有明显作用（Sasaki，K.，2013；刘苑秋，2017；文野等，2017）。

二　森林声音的保健功效

森林的声音对健康的影响主要体现在两个方面，一方面是森林具有隔绝噪声功能，通过反射、吸收、干扰等方式降低声音分贝，让人在森林里获得宁静的空间，另一方面森林中各种声音可以舒缓情绪，愉悦身心。心理学的研究表明森林中的声音通过刺激神经，能够有效减缓病痛，使人的各项生理机能得到释放，唤起人们的愉悦感（宫崎良文，2003）。

在降低噪声方面。噪声是指会引起人心情烦躁，或音量过强危害人体健康的声音。100 分贝以上的声音便会让人难以忍受，120 分贝以上就会让人失去听力，高达 190 分贝的噪声甚至会引发人类死亡。森林对噪声有良好的吸收作用，研究表明，不同乔灌树种绿化带相对减噪率达 11.6%—21%，个别落叶乔木和灌木为 8%—11%，草皮带相对减噪声为 8%—11%，40 米宽的林带可以有效降低噪声 10—15 分贝（李梓辉，2002）。

森林不仅能够隔绝噪声，森林里很多声音可以舒缓人的情绪、缓解人的压力。人的情绪十分敏感并且多变，极容易被外界环境影响，不论是嘈杂的噪声还是优美的音乐抑或是大自然的原始的声音都会引发人们的情绪变化。人是从森林中走出来的，所以人们最原始的音乐便是森林的自然发声，悠悠鸟鸣，风吹绿叶，流水潺潺，虫叫蛙鸣这些声音都会让人心情舒畅，感到愉快。从心理学的角度看，人类对这些自然界声波振动的情感反应是一种物理现象，这种最原始的声响激起肌体的强烈反应继而使个体产生主观体验。因此，自然界的声音会影响人类的情绪。从生物医学角度看，森林的自然声音会影响人的中枢神经，会对神经起到调节作用。森林声音能够刺激大脑皮层减轻病人受到的外界的影响的同时唤起人们的愉悦感，并且能够直接抑制中枢神经。同时大量科学实验表明，人体皮肤表面的细胞都在做微小的

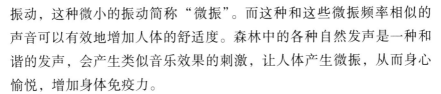

振动，这种微小的振动简称"微振"。而这种和这些微振频率相似的声音可以有效地增加人体的舒适度。森林中的各种自然发声是一种和谐的发声，会产生类似音乐效果的刺激，让人体产生微振，从而身心愉悦，增加身体免疫力。

三 森林的色彩的康养价值

色彩对人有着重要的影响，人的身体状态、行为情绪、思维方式都受到色彩的影响，色彩会影响人们的睡眠、心理状态等多种生理功能。人在森林中视觉获得感是主要感知因素，而色彩在其中占有重要因素，尤其森林以绿色为主，能给人带来舒适、宁静的感觉。研究表明，25%的绿色环境，可以有效缓解疲劳，降低血液流速，达到心理最佳状态（何国兴，2004）。修美玲（2006）通过对比人群在有植物和没有植物空间内的生理和心理指标，发现人在植物环境下感到更舒适，运动后恢复也更快。病人在放有植物的房间内心率会有所下降，疼痛感和焦虑感也会减少。国际上公认的"绿视率"的理论认为，合理的绿色环境在恢复人身心疲劳方面有显著疗效，森林通常具有很高的绿视率，这使人感到舒适，缓解视疲劳，改善视力状况。森林可以有效降低城市光污染导致的老年白内障等眼科疾病发病率，并有助于视力的恢复。同时长期处于该环境有助于人延年益寿，研究表明多个长寿区域的绿视率都在15%以上（严晓丽，2006）。而有学者指出森林植物能够在视觉方面改进人的健康状况可能源自于人的心理暗示（Tsunetsugu，Y.，2013），其中这种暗示作用对男性的作用大于女性，通过这种暗示作用，提升心理状态，进而影响人的生理机能。

当前相关理论已经运用到康养实践当中，在植物景观设计中以人的生理和心理需要为基础进行色彩搭配，从而提升人在相关环境中的舒适感。其中绿色运用最为广泛，因为绿色光的波长适中，所以人的眼睛对绿色光反应最平静。不仅如此，色彩还有抽象的联想功能，通过某种色彩人们不仅联系具体事物还会和抽象的概念相联系，例如，绿色是森林的主调，所以看到绿色不仅会联想到森林，还会想到森林富有生机，充满活力，象征着健康、平和等。所以人们在植物造景中将深浅不同的绿色相互搭配，并增加不同花色的鲜花相配，在视觉和心理上会产生更舒适的感觉。

四　森林活动对人生理心理的影响

森林活动对身心的促进作用主要体现在以下几个方面：

一是森林提供锻炼场所，通过在森林中开展各项体育运动，例如，徒步、骑自行车、遛狗和慢跑等项目，不仅对身体生理健康具有促进作用，也可以缓解人的紧张情绪，消除内心焦虑。二是森林环境可以有效减轻人的压力，瑞典 Grahn 和 Stigsdotter（2003）通过研究人在森林中的活动和相关心理指标，指出去森林次数越多的人和距离森林绿地更近的人，心境健康状况要明显更好。Parsons（1998）指出人心理疲惫、经受更大压力时，在自然环境中恢复得更快。因为森林里的富氧环境、清新的空气质量、丰富的负离子含量都会让人感觉到精神放松，压力减弱，而森林绿色的环境和鸟语花香的五感刺激也会给人带来愉悦的体验，通过引发联想等功效，转移人的注意力，调整人的情绪状态，进入一个平和的心境。三是园艺活动可以有效改善人的精神状态，早在 17 世纪人们就开始使用园艺疗法来治疗疾病，该疗法是一门集园艺、医学和心理学于一体的边缘交叉研究学科，现在很多国家和地区都开始研究园艺疗法，通过人们参与到不同的园艺活动如植物栽植、植物养护，并结合植物芳香和森林的美景对人进行心理治疗。大量研究表明人们通过园艺活动可以激发人体机能和五感（视觉、听觉、嗅觉、味觉、触觉）的灵敏度，改善睡眠质量，提升生命关注度，促进人际关系改善，有助于身体恢复和精神性疾病的治疗（Gwenn，G.，2008；邓三龙，2016）。园艺疗法对人们心理的影响主要表现在以下几个方面：其一是园林中植物鲜艳的色彩，充满生机的氛围，都会感染人的情绪，进而影响人的心情。一般来说，红花使人产生激动感，绿叶让人感到平静，黄色的花朵使人产生明快感。人们在观赏花木的过程中，会陶冶自己的情操，松弛大脑，放松神经，缓解压力。其二是园艺劳动会让人们感受自己的劳动成果，一方面可以在劳作过程中转移注意力，使人们忘记烦恼，另一方面也有利于人们树立自信心。自己培植的植物开花结果会使劳作者获得满足感和成就感，增加生活信心。其三是在绿色环境散步，可以让人心情放松，而放目远眺，柔和的色彩会让人的注意力转移，忘却病痛，消除不安心理与急躁情绪。其四是积极地参与园艺活动会增加人的活力。因为经过园艺活动过程中的体力劳动，可以让人的注意力得到转移，同时身体也会感到劳累，所以比较容易入睡并且能迅速进入深度睡眠，醒来后会精力充沛，心情愉快。四是促进人际关系和谐。很多人喜欢在森林中举办聚会等各种群体活动，这是因为森林能够给人们创造一个良好的自然环境，让人们能够更加容易相处。人们在森林中一同游憩和观赏，在优美的环境里、愉快的心情下进行交流，可以更容易增加人们之间的感情。同时人们大多会因为森林良好的环境，变得相对和善，尤其会对同样参加森林活动的人们产生知己感，容易促进感情的交流，从而形成新的交际圈子，也有利于原本团队的和谐程度提升，凝聚力增加。同时森林里的美好感觉，会带回家中和生活中，这都有利于人们保持良好的心态。

第四节　森林的科教价值

森林生态系统作为陆地生态系统的主体，其构成蕴含了丰富科教资源，涉及地质、水文、生物、人文等各个领域，为人类进行科研和教育提供丰富的研究对象和载体。20 世纪 50 年代北欧提出了森林教育理念，迅速在英国、德国、日本等国家发展起来，并形成了系统的教育体系，已经越来越受到人们的重视和关注（陈勇、万瑾，2013）。森林教育理论认为，在森林环境中，可以让青少年或儿童亲身体验自然环境，通过观察、游憩及引导教育，让孩子获得人文、生态、社会等技能和知识，感受自然之美，遵循自然之道，可以有效提升孩子的自信心和自尊心，有助于良好社交能力和积极的情感培养，实践"教育即经验的不断改造"的教育哲学命题，促进他们的健康全面发展。在环境教育理论里，亚瑟·卢卡斯提出在环境中的教育是环境教育的核心，通过实地环境让人获得直观感受和实际的经验从而获得教育，改变原有的观念和行为。而森林科教功能发挥正是"在环境中的教育"这一理论的有效实践，通过在森林中开展"关于环境的教育"最终实现"为了环境的教育"目的（帕尔默，2009）。

　　同时作为陆地上最大的生态系统，围绕着森林基础现象认识、人与森林的相处模式、森林经营与保障技术、社会政策及社会影响等方面逐渐产生了林学、生物学、生态学、林业经济学、森林文化学、森林经营等一系列的专业学科（见图3-5）。而森林也为科研工作提供了研究对象、研习基地，使人们能够更深入地了解自然，推动自然科学和社会科学进一步发展。具体而言，森林科教价值的发挥主要由森林科教资源、森林科教对象、森林科教手段和科教内容四个方面相互作用形成。

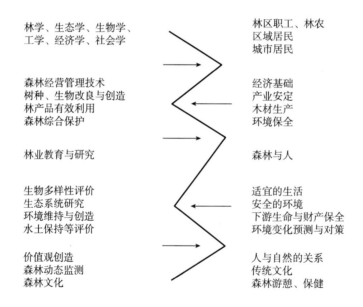

图3-5　森林科学划分（刘东兰、郑小贤，2010）

一　森林的科教资源

　　森林的科教价值发挥是依托于其丰富的科学教育资源的，具体而言，包括植物资源、动物资源、地质资源、水文资源、天象资源、人文资源等（见图3-6）。

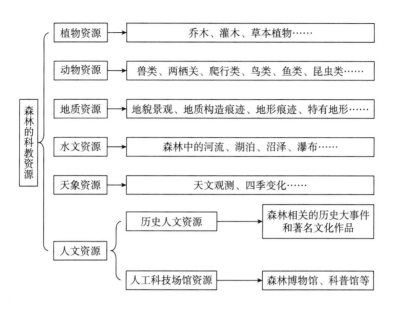

图 3 - 6 森林的科教资源

植物资源。森林是由木本植物为主体的生物群落，所以植物资源丰富，包括乔木、灌木、草本、地被等类别，同时森林中还有各种古树名木、珍稀植物、残遗植物和区域特有植物等各种资源，为开展科教活动提供丰富的对象。

动物资源。森林为广大动物提供了栖息地，广泛分布着兽类、两栖类、爬行类、鸟类、鱼类、昆虫类等各种种属的野生动物。人们可以通过观察、捕捉昆虫、制作标本等多种方式学习了解动物知识，让人们更深刻感受生命的奇妙，提供动物的百科教育环境（吴章文，2003）。

地质资源。森林地貌往往和多种地质地貌环境相结合，主要包括各种生物化石、地形痕迹、独特的岩石和矿物，以及峡谷、洞穴、悬崖等特有地形等，为人们了解地质构造及各种岩石矿物形成等多种科学知识提供素材。

水文资源。包括流经森林的江河、小溪，森林中分布的湖泊、沼泽、瀑布、泉水等水文资源。为人们提供观察水生生物、开展水质监测，进行艺术写生等科教机会。

天象资源。森林往往远离城市，视野更开阔，为观测日月星辰、日落日出等天文现象提供了良好条件。同时森林中丰富的四季变化现象，让人们更好地了解气象变化、物候转变，更形象地了解气象相关知识。

人文资源。主要包括历史人文资源和人工科技场馆资源两部分。历史人文资源是指与森林相关的历史大事件和著名文化作品，各类历史故事和传说等有重大历史文化意义的资源（历史遗迹和遗址、各类文艺作品、纪念林、名人遗迹墓葬等）等。另外，森林博物馆、科普馆等人工科技场馆已经成为科普教育的重要阵地，馆内通过展品、文字图片视频及现场讲解等形式，对森林生物基础知识、历史进化过程等方面进行展示说明，使受众更易接受（杨秋、张春梅，2009）。

二 森林的科教对象

森林的科教价值发挥是面对所有群体的，既有专业的学术性质的科研和教育，也有面向大众的科普教育，涵盖了不同年龄、不同职业、不同性别、不同民族等各个领域的人。具体而言，我们可以根据年龄将科教对象划分为儿童阶段、青少年阶段、成人阶段。

首先是儿童阶段。包括小学及以下年龄段的孩子。处于这一年龄段的孩子对社会、自然的认知还不成熟，正处于对事物探索的高度渴求时期，尤其对大自然有着强烈的好奇心和探索欲望。这个阶段比较典型的教育模式是森林幼儿园，森林幼儿园起源于 20 世纪 50 年代初的丹麦，随后在德国迅速勃兴，目前英国、美国、日本、加拿大等国均有设立，成为当前学前教育的新潮流。在森林幼儿园强调自然教育理念，让儿童更多参加户外活动，关注植物、动物、空气、水、土壤等自然资源，加强人与自然、人与社会、人与自我的关系教育，使孩子成为自己的主人，可以有效解决当前幼儿教育中儿童缺乏主动性、独立性，交往能力、适应环境能力差的问题。

其次是青少年阶段。主要指中学生，这一阶段青少年正处于价值观形成时期，可塑性强，求知欲旺盛，而学生已经从课本上学到了很多森林相关知识，正在构建自己的知识体系，已经不满足于书本教育，通过森林实践可以将课本知识和大自然教育相结合，提升学习兴趣，缓解叛逆期青少年的心理问题（恒次祐子、宫崎良文，2007）。在国外很多国家已经建立起成熟的青少年森林教育体系，英国2006年官方发布了"课外教育宣言"，要求针对各年龄段的青少年要从2月到12月定期开展森林户外教育活动（万瑾、陈勇，2013）。德国早在1904年便建立了全日制的森林学校，主要针对身有病患的儿童，后来逐渐扩展至各个年龄段的青少年，通过大量的户外游戏，引导孩子独立自主和团结协作，培养对大自然的责任感（陈勇、万瑾，2013）。此外，美国的"绿丝带学校计划"、日本的"青少年自然之家"都明确了对本国各阶段的青少年的森林教育方案，有效促进了森林教育功能的发挥。

再次是大学生阶段。这一阶段的森林教育功能的发挥主要有两个方面，一是专业性的学习教育，针对森林相关专业的本科生、研究生和博士生，提供必要的研究对象，以研究性学习和实地实习学习为主要方式，学习专业知识和探索未知领域。二是作为其他专业的大学生，通过森林教育有助于他们获得森林基础知识和必要的技能，树立起正确的森林情感、态度、价值观。

最后是成人阶段。主要通过森林丰富的自然人文资源和优美的景观，以多种形式让人们参与到森林教育当中，使人们更加了解自然、热爱自然，唤起人们的环境意识和责任感。

三 森林的科教活动

森林中的科教活动主要通过现场解说、场馆展示、标牌展板、科普体验实践等形式来实现。

（1）现场解说。通过结合实际参观环境，对森林的相关知识进行讲解，具有直观性和交流性的特点，让受教育者在真实环境中学习了解相关知识。心理学家研究表明视觉和听觉综合为50%，而实操可达90%（孙睿霖，2013）。所以通过现场解说和实地指导森林实践，可以有效提升学习记忆效率。

（2）场馆展示。现在越来越多的森林尤其是森林公园，建设了专门的博物馆、展览馆、科普馆及视听影院等场馆。在场馆中通过标本展览，动态说明生态演化，尤其是采用多媒体方式甚至通过4D电影的形式，让参观者更形象地了解森林生态知识。

（3）标牌展板。通过在森林植物上悬挂解说牌，标注各类植物名称、拉丁文标识、植物分布、主要用途等各类知识，让人在游览的时候能够更了解森林。很多森林公园、自然保护区等地方会设置专门科普展板介绍人文历史、生态演化等各种知识。受众可以根据自己的需求来选择需要的信息，是解说系统中最常见的解说方式。

（4）科普体验实践。主要指以森林环境为载体开展各类森林体验活动，通过采集制作标本，观察动植物的生长及森林土壤、水流等各种环境，参观植树伐木作业及人文遗址，更直观地了解课本知识；通过参与采集野果蘑菇、植树种草、修剪树枝、制作鸟巢工艺品等林木制品，提升学习兴趣，掌握相关技能。

四　森林的科教内容

森林的科教主要包括森林在专业方面的教育功能和科普及生态文化等非专业教育两个方面。

（一）森林的专业教育功能

该功能主要针对的是围绕林业形成的相关专业学生，通过提供专业领域的实践教育，让学生将书本上学到的知识和具体实践相结合。通过进入森林，更深刻地了解学科对象，更直观地观察林木，进行试验。比如，可以通过植物生长来获得相关的数据，根据实地的测量来实践课本所学的知识。同时，专业的很多知识必须来到森林才能更深刻理解和体会，几乎所有相关的学科的学生都必须到森林里去实习，森林成为众多学生的实习基地，学生在森林里认识花草树木的种属，通过观察了解其生活习性，通过亲手栽培和养护来提高自己的专业技能，通过采集样本来获得一手资料并在实验室里进一步深化研究其研究属性。教师借助于森林的实物讲解相关知识，让学生们更加直观地理解，通过实地地观察花朵、叶片、树干等的形态和特性，让学生能够更好地记忆和运用相关知识。不仅对自然科学的学生有着如此重要的实践作用，即使对社会科学的学生也有同样的专业教育作用，比如，对林业经济管理的学生要经过在森林里实地的测量学习相关林木蓄积量等经济指标的获得手段，美学的很多学生则来到森林观察森林

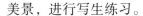

美景，进行写生练习。

因此，我们应当充分发挥森林的实践教育作用，让森林成为专业教育活动的基地，把森林及其内部的各类野生动植物资源作为开展教学的教材，通过教育让人们更加迅速地掌握知识，了解所学的学科。

（二）科普及生态文化等非专业教育功能

该功能的发挥是因为森林具备的生态景观和教育资源，使人们在其中能够感受到自然的美，自觉地融入自然，从而能够促进人与自然和谐价值观的形成，在与自然互动的过程中，提高人们的生态文化意识和有效参与能力、普及森林及生态环境保护知识与技能。森林成为科普及生态文化教育基地主要源自于该功能的特点及森林的自身属性，具体而言主要包括以下几个方面：

（1）全民参与性。生态文化教育，从面向受众而言是全民教育，具有全民参与的特点。生态文明社会建设已经成为国家的重要目标，是人们面临着日益严重的生态危机而提出的，而生态文化教育理念便是和这一时代特征相联系的。这一目标的实现需要全民的关心、参与和身体力行。而森林作为生态文化教育的重要基地，又兼有娱乐、休闲、教育、科研等多种功能，为全民参与提供了必要场所。

（2）终身性。森林科普和生态文化教育，从时间上看是终身教育，其跨度应该说是人的一生。森林教育不是某时段的教育，而是具有终生性，从幼儿时期就需要开始培养生态文化意识，并且要不断培养和加强，森林公园等科普文化教育基地有着重要的示范作用，有效地参与森林科普和生态文化教育，不断提醒人们生态系统的重要性，反思自己的生态价值观，并且激励人们参与到生态文明的建设中来。

（3）综合性。森林作为科普文化教育基地，其可以从美学、环境学、生态学、生物学等多个方面进行教育，是一种综合的教育手段，人们在森林生态文化基地不仅是受到某一方面的教育和熏陶，而是从科学到哲学，从美学到文学等多个方面的认识。同时这也要求我们在建设生态文化教育基地的时候，要充分考虑到各个方面的知识，采用多种手段，发挥其在生态文明价值观传播、科学认知及自然教育等方面的功能。

通过这种实实在在的实地教育会给人们完全不同于课堂学习的效果，当人们走进森林参观，沉浸在对森林的美丽和神奇的感受中，可以更加充分认识到它们的属性和价值，产生对森林的热爱和保护环境的情怀，更深刻地理解人与自然和谐相处的生态文化观。这种实地接触的教育效果比学校教育的效果要明显得多，毕竟游客的人数要比在学校里学习和认知相关知识的人要多得多；而只有通过这样知性和感性相结合的森林之旅，才能把自然带回生活，使人生充满对自然之美和生命和谐的感悟，才能培养一个充实而美丽的内心世界，从而对人生有着更深层次的思考，并对未来的美好充满信念。这种实践教育可以给人的生态价值观及自然资源观带来全新的感受。

第五节　森林的历史价值

森林的历史价值主要是指森林作为人类的发源地，见证了整个人类历史的产生和发展，为人类发展提供了丰富的物质资源的同时也记录了众多历史事件，成为人类历史的重要参照物和载体。通过对附着在森林上人类活动的痕迹，可以了解到特定历史时期的生产发展水平，和森林相关的社会组织机构及生活方式、生活习俗和禁忌。在漫长的历史中森林通过环境的影响形成独特的社会认同和乡土意识，影响族群的性格塑造，构成独有的文化习俗。这种历史积淀的价值会影响人们对森林文化价值的感受，正如前文论述的森林文化价值之所以对不同背景和阶层的人们有着共同愉悦体验，是因为在过往历史人们已经逐渐形成了共同的森林文化价值认同，在社会生活中已经潜移默化影响了人们的认知，即便没有接受过课堂教育但也依然会感受到森林文化价值。而现存的古树名木及森林中历史遗址和发生的历史事件将历史时空的画面和现在勾连在一起，让人们在精神上与祖先发生共鸣，从而获得极大的内心满足感。

一　树木存在的历史价值

森林树木本身就是一部生态历史，本身便具有指示时代自然环境的功能。其中诸如残遗树种本身就是活化石，是生物进化历史的经历物种。残遗植物是指曾经广泛分布在地质时期，现仅在局部地区存在的古老植物种类。它们见证了整个地质变革时期，是植物发展史上的重要标志。不仅如此，死去的植物也有重要的考古价值，目前植物遗存的考古已经成为考古的新兴领域，通过对植物遗存的分析研究结合其他考古发现，可以更好地还原同一历史时期的气候、地质情况、生态环境及社会生活情况，为历史考古提供了很好的佐证。

二　古树的历史价值

当前我国一般将树龄在一百年以上的树木称为古木，而在《北京市古树名木保护管理条例》中将树龄在 500 年及以上划分为一级古树，树龄在 300—499 年的列为二级古树，树龄在 100—299 年的列为三级古树（见表 3 - 2）。古树以其存活的历史记载了时代变迁的水文、气候特征，成为活的历史、"绿色的文物"，在中国有历史记载以来几乎都可以找到对应历史时期的古树，从而见证人类的历史脉络。诸如轩辕柏、夏银杏、周柏、汉桑、晋杉、唐槐、宋海棠等，构成整个人类历史的编年史。

表 3 - 2　　　　　　　　　　古树等级

等级	树龄
一级古树	500 年以上
二级古树	300—499 年
三级古树	100—299 年

三　名木的历史价值

名木是指与重大历史事件或者重要历史人物有关，具有历史、文化和纪念意义的树木。根据《城市古树名木保护管理办法》《北京市古树名木保护管理条例》等相关保护条例，一般而言只要满足以下任一条件都可以称为名木，一是国外元首赠送或者亲自栽种的树木，二是我国国家领导人亲自培植具有纪念意义的树木，三是与某一历史事件或历史人物典故有关联的树木，四是珍稀奇特的树木。相对古树而言，名木更突出了其文化特性，只有古树具有了特定历史意义，两者才能有机统一，同时名木的历史价值要更为明显，其价值体现在以下几个方面：

（1）名人所植的树木。重要的历史人物或者国家领袖亲手植栽的树木的同时，便将一定历史色彩赋予了树木，后人在追忆这些时便又激发载体，当人们看到这些古树名木便可以联想到这些名人及他们的故事。例如，曲阜孔庙大成门东侧有一棵圆柏，旁边立有"先师手植桧"，据传为孔子亲手培植，一度成为儒家思想的象征，后人观之，自然会想起孔子的生平和思想。例如，米芾与孔子后代共游时，便写有《孔圣手植桧赞》一诗："动化机，此桧植。矫龙怪，挺雄姿。二千年，敌金石。纠治乱，如一昔。百氏下，荫圭璧。"类似的诗篇典故不断累积，赋予一棵古木更多的内涵，其历史意义一直延续至今，文化价值不断吸收扩大，现代的人们如同古代的人们看到同一棵树，将古今的感受勾连在一起。同样还有朱熹在武夷山栽植的宋桂，随着其理学思想的传播而成为一种标识物，此外，如书圣樟、李白杏、东坡棠都是因为历史人物的强关联性，赋予了独特的历史意义。

（2）与历史事件有关的树木。很多古树不仅是历史的见证者甚至是历史的直接参与者，例如，泰山的"五大夫松"，是秦始皇一统六国后，对泰山进行封禅，遇雨躲避在树下，感其有功而册封它为"五大夫"爵位，在《史记》中记载了此事，而这棵松树便成为封禅泰山的历史佐证；景山曾有一棵古树为明末皇帝崇祯曾经自缢身亡的地方，成为历史重要坐标和指示物，这些树木为考古学、历史学等学科提供直接或者间接的历史佐证。

（3）珍稀特殊树木。有些树木由于特殊属性，为中外熟知，比如黄山的迎客松作为典型代表，即是黄山四绝之一，也是黄山乃至安徽的地理标志，而在人民大会堂悬挂的重要国画也是黄山迎客松，使其文化价值更胜往昔，同时黄山有54棵古树名木入选《世界双遗产目录》（王宝华，2009），不仅是自然遗产也是文化遗产，以双重属性彰显其价值，成为连接历史和未来的桥梁。

四 森林中的古人类活动遗址

森林是人类诞生地，人类最初的活动无论是狩猎、采集野果，还是居住区域都是在森林中完成的，在研究古人类的同时必然要和他曾经生活的环境一起进行探究和考察。例如，云南元谋人的发现地四周森林密布，而在其中挖掘出众多元谋人生活的遗迹，包括用火、动物遗骨、古人类化石等，并推算出当时的森林环境，这一遗址的发现在中国考古和历史研究中有着里程碑意义，对中国古人类的历史研究有着极为重要的作用，而北京人遗址、山顶洞人遗址都有明显的森林痕迹，无疑森林在古人类遗址研究中有着不可或缺的作用。

五 森林中的文化遗迹

森林与人类的活动密不可分，在历史活动中森林保留了众多文化遗迹，主要有以下几个方面：

（1）森林作为人类活动载体，承载人类活动，记录历史事件，例如，刘公岛森林公园，作为中日甲午海战的重要坐标地，森林公园有当时北洋水师留下的炮台等遗址。

（2）森林中建筑遗址，各类古代留下的建筑遗址以其特殊的时代性及其上附着的文化符号，成为人们了解历史的重要窗口。而在这些古代建筑中以宗教场所，尤其是寺庙数量最多，分布最广，这些场所往往本身就是一部历史，更穿插着无数的传说和故事，让人们了解不同时期历史文化和社会风貌，增加了人们游览的趣味性。

（3）历史活动中形成的森林，人们为了纪念或者其他目的往往会栽植树木，随着时代变迁，这些树木成为历史的见证者和经历者。例如，孔林，是孔子死后其弟子所植，史籍记载，孔子去世后，其弟子为了纪念他"以四方奇木来植"，从而形成今天的孔林。而自古中国便有墓地林的习俗，周礼中规定"天子树之以松，诸侯树之以柏"，所以很多古墓周边都有大片的松柏种植，比如黄帝陵、诸葛武侯墓等都有大量的松柏林。此外，在文化教育场所，人们也有种树的习惯，有着"十年树木，百年树人"的内涵，孔子第四十五代孙孔道辅监修孔庙时，修建了杏坛，便植杏树，作为纪念孔子讲学之所，后来杏坛也成为教育的代名词，而岳麓书院、嵩阳书院、白鹿洞书院、应天书院等古代学院基本都建于名山大川，林木茂盛，同时也留下了很多当时栽植的古树名木。即便是现在的各类高等学府，校园内绿化率也占很高比率。无论是森林本身还是森林内各类文化遗迹都是有机的整体，由于漫长的历史赋予了他们更深的文化内涵，也在满足人们精神需求上提供更多的支持。

六　中国园林的历史传承功能

中国园林体现着中国人天人合一、道法自然的理念，也表现着中国人对森林的喜爱之情，而中国园林发展本身就是一部中国特有的历史。

中国园林的雏形产生于先秦时期。最早见于文字记载的园林形式是"囿"，大约产生于公元前11世纪。其主要用于帝王的狩猎活动。后来产生了台，主要用于登高观赏之用。这和后来的园圃一起成为中国古典园林的源头，园圃本来是人们用于种菜的地方，后来转化成为观赏所用，随着后来的发展成为最早的园林雏形。

中国园林发展到魏晋南北朝时，由于局势动荡，思想活跃，民间的私家园林和寺观园林也开始兴盛起来。使人们开始刻意地关注造园活动，从而推动了真正园林的产生和繁荣，也大大促进了园林美学的发展，中国古典园林开始形成皇家、私家、寺观这三大类型并行发展的局面和略带雏形的园林体系，成为此后全面兴盛的伏脉。

中国园林全盛于隋唐。这一时期中国的政治经济文化都达到了一个全盛时期，而中国传统文化各个方面都展现了强大生命力。园林作为其中一个方面也发展到了全盛时期，皇家园林不仅规模宏大，而且总体的布置和局部的设计上也站在时代的巅峰。长安和洛阳两地的园林，便是隋唐时期其全盛局面的集中反映。其规模的宏大和绿化建设也影响到世界各地，日本的都城几乎完全仿照长安而成。而私家园林将诗情画意这种山水之情完全融入造园当中，兴起一股文人园林的风气，而佛道宗教的兴盛，使寺院园林将宗教和风景美学相结合成为最原始的公园建设。

中国园林建设成熟于两宋明清时期，不仅继承了隋唐的大气也有了新的发展，具体而言可分为两个阶段。第一阶段是两宋时期。其主要特点是皇家园林更加精致，文人园林成为时代的主流，如司马光的独乐园、沈括的梦溪园等。同样，寺观园林也由世俗化而更进一步文人化。这一时期的园林更加写意化，标志园林建设的成熟。第二阶段为元、明、清初期。皇家园林不仅气势恢宏，有独特的皇家气派，而且吸收了私家园林的特色，比如畅春园的建设。文人园林使这一时期的私家园林达到了高峰，江南园林便是这个高峰的代表。同时，因元、明时期文人画作盛极一时，影响于园林，也相应地巩固了写意创作的主导地位。不过这一时期的园林创作普遍重视技巧，在一定程度上冲淡了园林的思想涵蕴。

园林除却本身是一部历史，反映着一个个时代的变迁，并且受时代的影响，不断发生变化，展现不同时期的历史风貌，同时单独的一座园林，也有其独特的历史意义。比如，我们可以从嵩山少林寺的寺院园林中，感受到传承千年的佛教历史及其宗教故事；承德避暑山庄体现清朝皇家贵族的休闲生活及发生在那里的故事；再如，圆明园，颐和园，江南的私家园林等都展示着皇家和平民的生活，都展示着历史故事。下面我们简单地以颐和园为例说明。

颐和园，原名清漪园，始建于清乾隆帝十五年（1750 年），历时15 年竣工，是清代北京著名的"三山五园"（香山静宜园、玉泉山静明园、万寿山清漪园、圆明园、畅春园）中最后建成的一座。咸丰十年（1860 年）在第二次鸦片战争中英法联军火烧圆明园时同遭严重破坏，佛香阁、排云殿、石舫洋楼等建筑被焚毁，长廊被烧得只剩 11 间半，智慧海等耐火建筑内的珍宝佛像也被劫掠一空。光绪十二年（1886 年）开始重建，光绪十四年（1888 年）慈禧挪用海军军费（以海军军费的名义筹集经费）修复此园，改名为"颐和园"，其名为"颐养冲和"之意。关于挪用的海军军费，经专家考证，一共挪用了 7 年，每年 30 万两，占全部修复费用的 1/3 以上。光绪二十一年（1895 年）工程结束。

颐和园是从乾隆时期开始修建的，直至清末一直在修建，颐和园除了在百年的建设中，见证了乾隆以来的皇家生活，同时也是清朝末年最重要的政治和外交中心，见证了中国近代诸多重大历史事件的发生。例如，1860 年第二次鸦片战争的英法联军的洗劫，1898 年，戊戌变法期间，光绪帝在此接见康有为，询问变法事宜；戊戌变法失败后，光绪被长期幽禁在园中的玉澜堂；所以颐和园被后人称为最豪华的监狱。1900 年，八国联军侵华，颐和园又遭洗劫，所以颐和园几乎见证了中国近代历史众多的屈辱事件，而且我们可以清楚地在那里看到中国近代史这些事情留下的痕迹。

第六节　森林的宗教艺术价值

一　森林与宗教

宗教是最纯粹的精神世界，森林作为人类文明的诞生地，对人有着极其重要的精神意义，正因如此，我们几乎可以在所有宗教中看到森林的身影，尤其是原始宗教中。这种将宗教意义赋予森林后，森林给人带来的精神满足将会更加深远，一棵神树或者圣树对于一个教徒而言有着极其特殊的意义，使他们的心灵获得极大的慰藉，而这种宗教意义或者神性对普通人也会产生影响，无论是好奇心的满足还是受宗教气氛的感染都会对森林的认知有更深的理解。

（一）图腾崇拜

对森林的崇拜起源于人类产生之初，在生产力低下的时代，人类无力对抗自然，对自然界种种现象缺乏合理的解释，而森林为人类生存提供了庇护和生存需要的食物、燃料等基本生产生活资料，出于畏惧和感激产生了最早的原始崇拜和图腾文化（王希，2010）。在人林互动中，将人类的主观意识融入森林中，赋予森林人格化特征，将对森林树木强大的繁殖力和生命力的向往神化为图腾，并形成了祭祀崇拜的体系。这些图腾树往往与先民的生活息息相关，有着重要的情感寄托，很多氏族便以图腾树命名，并延续至今成为姓氏，例如，林、桃、叶等都是由以往图腾转换而来（王宝华，2009）。而在中国也形成独有的社木文化，中华民族是一个农耕民族，古人堆土为坛称为社稷，在社稷上种树以祭祀农神，祈求五谷丰登、国泰民安。该树则代表农神，称为社木。社稷对中原王朝有着特殊的含义，代表着国家政权，所以历史各个王朝都有自己的社木或社树，例如，《尚书逸篇》曰："太社唯松，东社唯柏，南社唯梓，西社唯栗，北社唯槐"，说得便是古代的社木，而《汉书》中提到"高祖祷丰枌榆社"。说明西汉以榆树为社树，皇帝亲自祭祀，作为国家精神的重要象征。

（二）少数民族的神山神树文化

（1）彝族与森林崇拜。彝族生活区域大多集中在山林茂盛区域，生活与森林息息相关，在与森林长期互动中形成了具有民族特色的树神、林神等山林崇拜。将树看作天神的象征，凉山彝族更是将神与树融合在一起，在祭经中树和神可以相互代替，每一种神都与一种树相对应。同时在很多彝族地区，树木还被当作土地神，将土地神称为"咪色"，而神树称为"咪色树"，认为咪色树代神管理万物。此外，很多地区的彝族人将神树和祖先崇拜融合在一起，选择特定树木作为族树，既是神树也代表祖先，不同宗族有着不同的神树，在祭祀时要分开祭祀。彝族人还有专门的神林，也称为龙林、密枝林等，不仅要对神林进行祭拜，同时严禁对神林的树木进行砍伐，认为神林可以保佑部落五谷丰登、人丁兴旺（刘荣昆，2016）。

（2）傣族与森林崇拜。傣族主要分布在云南南部，生活区域主要是雨林地带，在与雨林的长期互动中形成原始的宗教信仰。而随着佛教的传入，原始的自然崇拜和佛教的万物平等理念相互融合形成了独特的森林信仰文化。其中比较有代表性的是龙山、竜林文化，傣族人民认为这是神居住的地方，在此居住的所有动植物都是神的伴侣，严禁对其伤害，砍伐、打猎、开垦等活动是不被允许的集区（刘宏茂，2001）。几乎每个村寨都有佛寺，而佛寺需要栽种一些与佛相关的植物，例如，佛教礼仪涉及的贝叶棕、聚果榕、波罗蜜等，赕佛活动的鲜花如文殊兰、莲花等，以及佛教庭院美化用的植物，比较有代表的是五树六花（五树指菩提树、贝叶棕、大青树、铁刀木、槟榔或椰子或糖棕；"六花"指文殊兰或黄姜花、黄缅桂、鸡蛋花、金凤或凤凰木、地涌金莲、荷花或莲花），这些植物不仅美化了环境，而且具有独特的宗教意义，彰显了小乘佛教秉持的众生平等、人与自然应和谐相处的理念（刘宏茂，2001；杜玉欢，2014）。这一理念贯穿着傣族的日常生活，傣族认为森林是父亲，大地是母亲（刘垚，2011），所以傣族人非常爱惜森林，不得随意砍伐，尤其是榕树、菩提树等高大树木被傣族人认为是神，更不得伤害，这种原始信仰和佛教教义的融合使傣族在与森林相处时，处处体现出人与自然和谐共生的理念。

（3）藏族与森林崇拜。藏族人民对自然充满了敬畏，也因此形成了神山、神树、神湖的崇拜体系，并对这些圣境进行整体保护。藏族先民常常将整座山的原始森林称为神树，也会将一些巨树或者古树称为神树，所以藏族人没有砍树的习惯，尤其是柏树，认为可以辟邪。此外，藏族人还有植树的传统，认为这样可以延年益寿，因为人和树的灵魂彼此相通可以彼此转化。这些信仰对当地很多树木起了重要的保护作用，尤其在生态脆弱的高原地区，对维护生态平衡，保持水土起到了重要作用。

此外，东北地区的鄂伦春族及满族等民族也认为万物有灵，有树神及动物崇拜，不仅不允许伤害它们，还需要进行祭祀；蒙古族的敖包文化，对树木有着天然的尊敬；苗族有着枫树崇拜的传统，认为枫树是其祖先蚩尤的化身，可以辟邪驱鬼（胡萍，2014）；闽台地区的少数民族则多以榕树作为神树进行崇拜，而侗族、布依族、壮族等众多少数民族都有各自的神树、神山的崇拜文化，这些信仰的形成往往体现在人与森林的密切互动、相互影响中，人类生存对森林的依赖，从而产生感恩、畏惧等情感，久而久之便形成了原始的宗教崇拜。

（三）其他国家的森林崇拜

森林作为全人类的起源地，不仅在中国存在森林崇拜，在世界很多国家都有类似森林崇拜，印度是最早持万物有灵观念的部落，将树木、森林等作为精神的寄托（欧东明，2010）。其中榕树作为不朽的象征，在印度教中被当作贡品献给印度教主神之一毗湿奴（Vishnu）。日本的森林崇拜可追溯至绳纹时代，认为树木是神依附的地方和精灵的化身，作为日本的传统宗教信仰神道和佛教都有着浓郁的森林情结，尤其是神道崇拜是对生命的崇拜，认为生命平等，尤其是将树木的生命视为我的生命象征，所以在日本的神社中一定有森林。日本哲

学家梅原猛认为，神道本来就是森林的宗教，甚至佛教也变成了树木
与森林的宗教。这是因为在日本佛教思想中认为花草树木皆可成佛，
尤其是在日本主流的密教认为释迦牟尼不是人而是自然，所以对佛的
崇拜也是对自然、对森林的崇拜。此外，古希腊对橄榄树的崇拜、德
国的森林崇拜情结等都显示出这些民族和国家与森林的宗教联系。

（四）森林与世界宗教

森林与世界性宗教如佛教、伊斯兰教、基督教以及在中华文化圈
有着广泛影响的道教都有着千丝万缕的联系。

（1）佛教与森林。佛教教义中追求万物平等，认为一草一木皆可
成佛，在修禅悟道中讲究追求自然，所以自古寺院处必然森林茂盛，
形成独特的寺庙园林文化。

佛教产生于古印度，由释迦牟尼创立，在佛教中几乎能处处看到
森林的影子，例如，佛祖诞生于无忧花下，悟道于菩提树，布道于丛
林之中，涅槃于裟椤树下，佛祖得道后的座位是莲座，姿势为莲花坐
势，早期的经书则是抄写在贝叶棕上，可见佛祖的重要人生节点都与
森林植物相关，而这些植物便对佛教徒有了不同的意义，成为圣树、
圣花，在寺院中广泛种植。例如，无忧花在佛教界称为佛诞之树。按
照佛经里说，2500 多年前，摩诃摩耶王后在回家分娩的途中经过兰毗
尼花园时，感到疲惫便在一棵无忧花树下面休息，但是惊动了胎气，
产下了释迦牟尼。所以在傣族村镇的寺庙会发现很多的无忧花树，而
傣族的家中为求子也会在园中栽种无忧花树。而佛教的另一圣树便是
菩提树。佛教创始人乔达摩悉达多，年轻的时候为了追求人生真谛，
便在森林里修行历练，后来在菩提树下顿悟，从而成佛，所以印度将
其定为国树。而裟椤树也是和佛祖有着密切关联的树，按佛经记载，
裟椤树是释迦牟尼涅槃之树，所以裟椤树也是佛教弟子敬仰的对象。

佛教经典里面有很多关于森林的典故，而其教义多隐含其中。由
于佛陀早期带其弟子在丛林里修行，并传播教义，所以佛寺经常也被
称为丛林，而这方面的论述在很多佛教经典中都有论述，如《大庄严
经论》里有"众僧是胜智的丛林"；《禅林宝训音义》里说，"丛林二
字是取其草木不乱生长之义"，表示其中有规矩法度。《大乘无量寿

经》里写道："佛国净土，意识弥陀净土，也称'西方极乐世界'；一是花藏世界，又称'莲花藏世界'，这些地方，宝树遍院，被如来国，多绪宝树，或纯金树，纯白金树，琉璃书，水晶树，琥珀树，美玉树，玛瑙树……"可见树木在佛教里有着极其重要的地位，不仅如此，僧人还教化人们不要随意砍树，保护水土。例如，唐朝有一个叫景岑的和尚因为所在的湖南长沙山上很多人乱伐松竹，所以作了一首《诫人斫松竹偈》，以保护山林，称"千年竹，万年松，枝枝叶叶尽皆同。为报四方玄学者，动手无非触祖公"。

此外，正是由于这种佛教和森林的关联，所以佛教寺庙往往和森林紧密相连，有"自古深山藏古寺，天下名山僧占多"之说，其实人们在欣赏名刹与山林美景的同时，背后不仅因为佛教徒修行多选择森林之所，也是因为佛教文化中把植树护树作为宗教修行的一部分。总之，森林和佛教是密不可分的。

（2）道教与森林。道教崇尚自然，追求天人合一的境界。森林作为大自然的重要组成部分，其终生和谐，顺应四时，符合道教"顺应自然"的思想。所以道教和森林也有很深的渊源。

道教和森林的渊源我们可以从道教的戒律中找到一些蛛丝马迹，道教中有很多关于森林的戒律，称为神戒。例如，《中极戒》反对无故采摘花草、砍伐树木、火烧山林、便溺生草。又如道教"十善"要求："放生养物，种诸果林；道边舍井，种树立桥；为人兴利除害。"从这些戒律中我们可以看出道教对自然的尊崇和其朴素的生态文明思想。

道家以出世为修身之本，所以道教教义以无为为基本，喜欢亲近自然。正如庄子所言："山林与！皋壤与！使我欣欣然而乐与！"后期道家多以追求得道成仙为追求，所以道士们喜欢在风景秀丽的山岳上修行，因为道教中人认为神仙居住在风景秀丽的地方，在风景秀美、森林茂密的地方更具有灵气，有助于修道之人早日得道成仙。同时道观的选择也大多会选在山川秀美之所，因为道士修道之所需要满足"金木水火土"五行条件，要有金，因为可以为修道炼丹提供原料；要有木，森林茂盛有着充盈的自然之气，有利于修养身心；要有水，因为既可以提供人们饮用和炼丹需要，湖泊溪流也有利于增加天地灵气；要有土，可以种植蔬菜粮食自给自足，修炼身心，远离尘世。所以基本的道教名山都是山清水秀之地。例如，我国道教名山有武当山、崂山、龙虎山等。再如三十六洞天、七十二福地，都是在这样山川秀美的地方，而道观周围树木葱翠，古树参天，不仅是因为选址的所在，也是因为道士们细心的呵护和栽培的结果。所以道教也和森林关系极其密切。

二　森林与中国哲学思想

中国的传统文化中有着很多思想受到森林的影响，是人们最早对自然和世界描绘，反映着人们对自然的依赖，也蕴含着最朴素的哲学，奠定了一个民族最早的性格基调。

（一）《易经》中的生态美学

《易经》是中华文化的重要源头之一，其思想深刻地影响中华文明，通过阴阳八卦的变化，追求人与自然的和谐美学，认为："日新之谓盛德，生生之谓易"，"天地之大德曰生"。《象》曰："至哉坤元，万物资生，乃顺承天。坤厚载物，德合无疆。含弘光大，品物咸亨。牝马地类，行地无疆，柔顺利贞。君子攸行，先迷失道，后顺得常。西南得朋，乃与类行；东北丧朋，乃终有庆。安贞之吉，应地无疆。……天地变化，草木蕃。天地闭，贤人隐。"认为天地化生万物，维护天与人的和谐共生，奠定了中华文化中"天人合一"思想的基础。

（二）五行学说中的"和"

五行学说无疑是中国最具有代表性的思想之一，金木水火土五行相生相克，影响着中国人的世界观和人生观，所以中国看待世界总是一个联系整体的看法，而不是仅仅局部地去看。所以中国人的思想理念中更多的大局观、集体观便在这里面有体现，此外，中国人思想中"和而不同"便是受这种学说影响之一，《国语·郑语》记载，西周末年幽王的史官史伯对郑桓公说："夫和实生物，同则不继。以他平他谓之和，故能丰长而物归之；若以同裨同，尽乃弃矣。故先王以土与金木水火杂，以成百物。"在五行学说里"木"列为五行之首。因为木主生，代表生命，与四时、五方联系起来时，木属东方，属春季。由于日出东方，故把东方作为五行之首，如同东岳属于五岳之首一样。因此，木在五行之中居于首要的地位。可见森林在其中的地位。

（三）儒家思想里的"仁"

中国人的思想深受儒家思想的影响，因为自从汉武帝思想大一统后，儒家思想便成为了中华民族的主流思想，其中有很多也有着森林思想的影子，比如《礼记·祭义》记述："曾子曰：'树木以时伐焉，禽兽以时杀焉。'夫子曰：'断一树，杀一兽，不以其时，非孝也。'"将对森林生态的重视上升到了孝层次，张载说："人但物中之一物"（《张子语录·语录上》），提出"民胞物与"，"大其心则能体天下之物"，认为人与万物同源于一气，它们之间又构成息息相通的有机联系，把所有的人都当成同胞，把万物都当作人类的朋友。王阳明说："大人者，以天地万物为一体也。是故见孺子之入井而必有怵惕恻隐之心焉，是其仁之与孺子而为一体也。孺子犹同类者也，见鸟兽之哀鸣，觳觫而必有不忍之心焉，是其仁之与鸟兽而为一体也。鸟兽犹有知觉者也，见草木之摧折而必有怜悯之心焉，是其仁之与草木而为一体也。草木犹有生意者也，见瓦石之毁坏而必有顾惜之心焉，是其仁之与瓦石而为一体也。"（《大学问》）这体现了中国人的仁的思想，这种思想不仅对人，也扩展于花草树木万物通气，此外，像《尚书·大传》中说："夫山者，恺然高，……草木生焉，鸟兽蕃焉，财用殖焉；生财用而无私为，四方皆伐焉，无私予焉；出云雨以通天地之间，阴阳和合，雨露之泽，万物以成，百姓以飧：此仁者之所以乐于山也。"表达了人们之所以喜欢山林，因为其性格稳重敦厚如仁者，胸怀万物而不吝施于人，而这些影响着中国人哲学思想里爱好和平、追求和谐、乐于助人、胸怀天下的品性。

（四）道家思想中的"道"

道家的生态观，对中国的生态哲学观有着重要影响。在老子的《道德经》中有很多生态思想的哲思，例如，"道生一，一生二，二生三，三生万物"，"道大，天大，地大，人亦大，域中有四大，而人居其一焉"，"人法地，地法天，天法道，道法自然"。由于人类活动

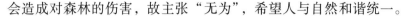

会造成对森林的伤害，故主张"无为"，希望人与自然和谐统一。

三　森林与艺术

艺术创作源于生活，而人类生活与森林密切相关，在长期共同存在的活动中，森林被赋予了众多象征意义，同时森林特有的神秘性及给人带来的精神感受，有着启迪智慧、激发灵感的作用，无论是文学、美术还是音乐等各类艺术形式，都或多或少地受到森林的影响。

（一）森林与中国文学

在中国文学创作中，讲究赋比兴，善于托物言志，将感情寄托在森林植物上，所以中国古诗词中关于植物的诗词数以万计，据统计，在民国之前，以植物为题材的诗词大约有 3 万首，例如，在诗经 500 多首诗中涉及植物的有 140 多首，涉及乔木的 25 种，灌木 9 种，果树 9 种；而在《全宋词》中出现植物意象最多的三种植物分别是梅花 2953 次，柳树 2861 次，草 2167 次，在《红楼梦》中木石良缘为故事线索，并以花喻人，涉及人名和草木的有 50 多个（王宝华，2009）。在中国成语体系中关于森林文化方面的成语有 1800 多条，占总量的 10% 左右（郭风平，2008）。而在民间更是广泛流传着众多关于森林的故事传说，在《山海经》中有扶桑、建木、若木三大神树，负责太阳东升西落，有着"日出扶桑，日中建木，西落若木"的传说。而在《淮南子》中也有类似的记载，"日出于汤谷，浴于咸池，拂于扶桑，是谓晨明。登于扶桑爰始将行，是谓练明。""若木在建木西，末有十日，其华照下地"。同时《山海经》还有不死树等 158 种植物的记载，在《太平广记》中有一卷《草木十一》专门讲述了 11 个有关树木的神话，而在《聊斋志异》中有很多花妖树精的描写，涉及植物种类 50 多种，花木民间故事 20 余篇。

千百年来，森林作为人们生存息息相关之地，经过多年和人类共同发展，森林已经不是简单意义上提供生产生活资料的物质提供地方，森林现在已经具有了很多人类的精神痕迹。一方面森林的品格给人类留下了印迹，使人格自然化；另一方面通过诗词文学作品、故事传说与花草树木相互融合，人把自己的精神融入森林，使森林人格化，拥有了更多文化象征意义。例如，在儒家学说的"比德"思想，将植物某些特性看作人类道德象征，在《论语》中"岁寒然后知松柏之后凋也"的论述就是借松柏耐寒特性来比喻人的骨气节操，而同样梅的独傲风雪、兰的清谷幽香、竹的气节等都已经固化为特有的人格象征。这些品质一方面是森林本身具有的气质让人联想到的另一方面人们后来的诗词赞美又加大这种品格的寓意内涵。例如，松柏本性挺拔独立，不畏严寒，给人一种挺拔不屈的精神，让人们每每观之，深受鼓舞，晋左思《咏史》："郁郁涧底松，离离山上苗，以彼径寸茎，荫此百尺条。世胄蹑高位，英俊沉下僚。地势使之然，由来非一朝。"开启了涧底松象征人位卑德高而不被重用，李峤在《松》里写道："郁郁高崖表，森森幽涧陲。鹤栖君子树，风拂大夫枝。百尺条阴合，千年盖影披。岁寒终不改，劲节幸君知"，则展现了孤松淡泊名利，虽岁寒至而色不改的君子品性和中国古代文人的品格极为相似。又如，竹的本性特征是"未曾出生便有节，乃至凌空仍虚心"，观竹能见出志士的坚贞，仁人的礼让；白居易曾在《养竹记》里写道："竹似贤，何哉？竹本固，固以树德。君子见其本，则思善建不拔者；竹性直，直以立身。君子见其性，则思中立不倚者；竹心空，空以体道。君子见其心，则思应用虚受者；竹节贞，贞以立志。……"诠释了竹子的节操，再如，梅花因其冬天傲雪而放，幽香逼人，一直和松竹并称岁寒三友，也是花中君子之一，自古便因其品格寓意而被广泛赞扬。北宋诗人林逋是著名的隐士，十分喜欢梅花，人称"梅妻鹤子"，其《山园小梅》为咏梅之绝唱："众芳摇落独暄妍，占尽风情向小园。疏影横斜水清浅，暗香浮动月黄昏。"这是知识分子超凡脱俗的高洁人品的象征。陆游也非常喜欢梅花，写过很多关于梅花的诗歌，比如"雪虐风号愈凛然，花中气节最高坚。过时自会飘零去，耻向东君更乞怜"。展现了文人志气高洁，不会随意动摇，也不会畏惧强权。此外，兰花象征着幽雅，菊花象征着无畏，玉兰的素雅高洁、胡杨的宁死不屈等各种花草文化都有着一定意义的品格寓意并形成了各自的文化体系。

文学作品又将这种寓意固化并不断丰富，比如折柳送别、连理枝、斑竹等文学象征意义被后来的文学作品不断运用，成为社会共识，当人们看到这些有着象征意义的树木时便会激发出相应的情感，与所处的环境相互融合，有助于产生创作灵感，反过来催化新的文学作品产生，加之中国文学创作喜欢托物言志，借物抒情，而丰富的森林景观和森林物种为中国文学提供各种素材和载体，人们可以在各个时期的文学创作里看到森林对文学的影响，一部中国文学史也是一部中国森林文化史。

先秦时期最具有代表性的作品是《诗经》和《楚辞》，这两部书都是这个时代诗歌的合集，收录先秦时期的众多作品，两者可谓开中国文学现实主义和浪漫主义先河之大成。而我们可以在这两部书中找到众多关于森林的描写。

例如，《诗经》里的《蒹葭》《园有桃》《甘棠》《摽有梅》《山有枢》《椒聊》《有杕之杜》《东门之枌》《东门之杨》《常棣》等。诗中寄托于森林树木的情感又增加森林文化内涵，例如，《郑风·有女同车》中"有女同车，颜如舜华"，将钦慕的女子比作木槿花，将男主人公对女子的爱慕之情借木槿的赞扬来表达。《魏风·园有桃》"园有桃，其实之肴。心之忧矣……"诗人借桃园起兴抒发心中忧伤。而"投我以桃，报之以李"；"出自幽谷，迁于乔木"；"维鹊有巢，维鸠居之"等引申出成语依然被人广泛使用。同一时期的另一部不朽的作品《楚辞》是战国时期楚国的诗歌，以花草树木比拟人事、以自然景物抒发感情，写下了很多关于森林树木的华彩篇章。例如，屈原《离骚》"扈江离与辟芷兮，纫秋兰以为佩。……朝饮木兰之坠露兮，夕餐秋菊之落英。苟余情其信姱以练要兮，长顑颔亦何伤。擥木根以结茝兮，贯薜荔之落蕊"。作者多处借香草、芝兰、菊花等比喻自己德操的高洁和对朝堂奸臣当道的忧虑。

两汉时期的汉赋和乐府诗歌也包含了很多关于森林的描写。例如，西汉著名的文学家司马相如在其名篇《子虚赋》中曾写道："其树楩柟豫章，桂椒木兰，檗离朱杨，樝梨楟栗，橘柚芬芬。"描写云梦泽中各类花草树木充分展示其美景。乐府诗歌是一种深受大众喜爱的表现形式，而我们也可以从其中看到很多森林树木的影响，例如，《陌上桑》中"罗敷善蚕桑，采桑城南隅。青丝为笼系，桂枝为笼钩"，表现了女主人公的身份，并以此衬托女主人公的美貌。而另一传世名篇《孔雀东南飞》中有"东西植松柏，左右种梧桐。枝枝相覆盖，叶叶相交通。中有双飞鸟，自名为鸳鸯。仰头相向鸣，夜夜达五更"用连理枝表达了主人公们的爱情。

魏晋南北朝时期，虽然战乱不断，但在文学上却追求浪漫洒脱，喜好游憩，并流转诸多有关森林的诗篇。东晋陶渊明是著名的田园诗人，在其很多诗篇中我们可以看到其深受森林的影响，比如其《桃花源记》"忽逢桃花林，桃花源夹岸数百步，中无杂树，芳草鲜美，落英缤纷。渔人甚异之，复前行，欲穷其林"，给人们描述了一个世外美好世界，其背后也表达了作者在森林陶冶之下，对平静而美好生活的向往之情，我们还可以从他的其他诗篇中看到类似的情怀，其《饮酒》"采菊东篱下，悠然见南山"，也展示了作者与山水树木为乐的豁达心态和如同森林一般平静的生活态度。谢灵运开创了中国文学史上的山水诗派，其诗文中多有对山水森林之乐的描述，例如，其《山居赋》写道："古巢居穴处曰岩栖，栋宇居山曰山居，在林野曰丘园，在郊郭曰城傍，四者不同，可以理推。言心也，黄屋实不殊于汾阳。即事也，山居良有异乎市廛。"他用诗描绘了山水森林之美，也抒发自己对山水田园的热爱。

唐诗是中国文化一大高峰，其绚丽多彩的诗歌构成了中国文学史上的重大宝库，而我们可以在其中信手拈来众多关于森林的诗篇。李白《劳劳亭》"天下伤心处，劳劳送客亭。春风知别苦，不遣杨柳青"。表现作者折柳送别之意，对友人的恋恋不舍。王维的《鹿柴》"空山不见人，但闻人语响。返影入深林，复照青苔上"；他也是同时期最具代表性的山水田园诗人，被后人推为南宗山水画之祖，曾经在其《山水诀》和《山水论》中写道："有路处则林木"，"水断处则烟树"。"山藉树而为衣，树藉山而为骨。"阐述了树木在山水审美中的重要作用，路边水际需要通过林木花草勾连，映衬才能体现其美，而森林与山石也是"衣"和"骨"的关系。无衣则山缺乏灵气，无骨则徒有其表。柳宗元《江雪》中"千山鸟飞绝，万径人踪灭。孤舟蓑笠翁，独钓寒江雪"，展示了不同时节的森林美景，并在《种树郭橐驼传》中，根据树木的种植经验提出"能顺木之天，以致其性焉"的结论。杜甫的《春望》中"国破山河在，城春草木深。感时花溅泪，恨别鸟惊心"，以景抒情，展现作者战乱中，家人离别的落寞心情。还可以在唐诗浩瀚的海洋中找到很多以花草树木为题材的诗歌，可见森林对唐诗的影响之大。

宋词作为中国文学的又一高峰，在其中还能很容易看到众多诗篇都有着浓厚的森林印记，李清照的《如梦令》："昨夜雨疏风骤，浓睡不消残酒，试问卷帘人却道海棠依旧。知否，知否，应是绿肥红瘦"，便是写海棠的名篇。柳永的《雨霖铃》"今宵酒醒何处，杨柳岸、晓风残月。此去经年，应是良辰好景虚设。便纵有千种风情，更与何人说"。一句"杨柳岸、晓风残月"成为其婉约的代表。苏轼的《蝶恋花》"花褪残红青杏小。燕子飞时绿水人家绕。枝上柳绵吹又少，天涯何处无芳草"。此外，因为人们热衷于森林旅游，从而以此为题材也有很多名篇传世，并对森林美景做了众多描述。比如欧阳修的《醉翁亭记》"若夫日出而林霏开，云归而岩穴暝，晦明变化者，山间之朝暮也。野芳发而幽香，佳木秀而繁阴，风霜高洁，水落而石出者，山间之四时也。朝而往，暮而归，四时之景不同，而乐亦无穷也"，展现了森林的各种美景。王安石的《游褒禅山记》、沈括的《梦溪笔谈》等都涉及了森林素材。

此外，元曲马致远《天净沙秋思》中"枯藤老树昏鸦，小桥流水人家"，也为人所传颂，而明清小说中《三国演义》的桃园，《西游记》中花果山的描写，《红楼梦》中大观园的园林描写和其中大量关于花草的诗歌，《聊斋》中更是有众多关于花草树木、虫鱼鸟兽的故事，而这些都展现了森林和中国文学不可割裂的联系。

不仅如此，中国近现代文学也可以找到很多关于森林的作品，比如顾城《我是一个任性的孩子》中写道："我还想画下自己，画下一只树熊。他坐在维多利亚深色的丛林里，坐在安安静静的树枝上。"再比如舒婷的《致橡树》，曲波的著名小说《林海雪原》，我们都能看到森林对中国文学的影响。

（二）森林与国外文学

在国外很多国家和民族都与森林有着浓厚的情感，因此这些国家和民族都有着众多相关的著作。例如，日本是一个有着浓厚的森林情结的国家，号称森之民。正如日本学者安田喜宪在《森林——日本书化之母》中说，森林孕育了日本的文化，是日本的精神家园。日本诺贝尔文学奖的作家大江健三郎更是深受森林思想的影响，其作品中有着浓郁的森林情结。在《万延元年的足球队》里，森林是摆脱生存困境灵魂再生的精神家园；在《同时代的游戏》中，森林是"理想之国""乌托邦"；在《核时代的森林隐遁者》和《洪水淹没我的灵魂》里，森林又是核时代的"隐蔽所"。

大江在写完小说《愁容童子》后说，祖母小时候给他讲述的关于森林精灵的故事对他后期的创作有着深远的影响。因为祖母曾经和他说每棵树都寄托着灵魂，每一个小孩都是从树中来，所以他的作品中会有关于灵魂和再生的讨论。

日本白桦学派代表人物志贺直哉其代表作，具有自传体性质的小说《暗夜行路》中，对森林的描述也可以看出日本文学深受森林的影响。小说中，主人公由于感情及家庭原因，心情极度压抑苦闷，在人生旅途上如同暗夜中行走，茫然不知出路。而当他来到伯耆大山之后，森林的博大，草木的清新，大自然磅礴的生命力，使他感受到大自然的超然豁达，让主人公对俗世中的一切不满消失于无形。他开始重新认识自己和生活。换种角度来看，其实正是森林之美，使他深刻地理解了托尔斯泰的人道主义思想以及儒家天人合一思想，从而达到物我两忘，忘记俗世的种种经历和不满，使自己的内心得到净化。

德国也是一个有着浓厚森林情结的国家，他们称自己为森林部落的民族，森林对他们的影响可想而知，因此可以很容易在德国的文学作品中找到森林影响的烙印。比如举世闻名的《格林童话》共有童话215篇，其中有森林情结的168篇（薛媛，2015），如《森林中的老妇人》《森林中小屋》《森林中的三个小矮人》《丛林中的守财奴》等，而这些故事中都潜移默化地给读者灌输着森林的神奇和魅力，描述了一个充满生机的世界，增加了人们对森林的热爱。

还有布伦塔诺、诺瓦利斯、艾辛多夫等浪漫主义代表，他们都深受法国思想家卢梭的回归自然的影响，虽然生活在繁华的都市，但是其内心却深受森林的影响，森林成为他们灵魂的寄托，使他们找到了思想的源泉。所以在德国的文学作品里，人们会经常地发现那深刻的森林的烙印。正如诺瓦利斯在一部小说中所写到的，一个小男孩在深夜中无法安眠而想象出一个充满神奇色彩的世界。而这个世界就位于幽暗的森林深处，在那里有清澈的泉水，而泉水的旁边草地上遍布着亮闪闪的蓝色花朵，像地毯一样铺在那里。从此，男孩梦中遍地闪烁的小蓝花，就成为德国浪漫主义精神的象征。所以德国浪漫主义色彩中森林便成了他们不可或缺的元素。

印度文学中同样充满了森林的身影，从古印度的《梨俱吠陀》到印度具有代表性的两大史诗《罗摩衍那》《摩诃婆罗多》都有大量的森林颂歌和描写，著名诗人泰戈尔更是对森林情有独钟，出版了专门的诗集《森林之声》，认为森林的声音是最原始的语言，其暗示可以深入心灵深处（侯传文，2012）。可见对森林意象和象征意义的运用，在人类文学创作中尤其是多森林地区的民族文学中几乎随处可见。

此外，我们还很容易在别的国家找到类似关于森林印记的文学作品，丹麦的《安徒生童话》、美国厄普顿·辛克莱的《丛林王子》都是有关森林的著作。

（三）森林与其他艺术形式

森林不仅对文学作品有影响，在绘画和音乐等方面都有着明显的烙印，在传统的中国绘画艺术中，主要有人物画、山水画、花鸟画三大门类，而后两者都深受森林影响，尤其是山水画讲究"师造化"，以大自然为师，突出意境美感，画家大都游遍绿水青山，从大自然中寻找灵感，并将山水树木呈于纸面流传千古。即便是当代美术，森林也是素描写生的重要地方。而森林的空灵和自然声音能给人带来愉悦感，有很多音乐人会到森林采风，甚至将森林中鸟声、风声、水声等声音录制下来制作成唱片，中国自古便有《高山流水》这样的名曲来展现自然美景，美国著名作曲家麦克道威尔的钢琴套曲《森林素描》中包含《致野玫瑰》《秋天里》《咏睡莲》《荒芜的农场》《牧场小溪旁》《日暮叙语》等十首曲子，完美地展现了森林情景。德国作曲家舒曼的《森林情景》以音乐语言来描述了一步步进入森林后的所见所闻，以优美的旋律展现了森林空灵的意境。此外，森林还衍生了根雕、木雕、插花、盆景等诸多艺术形式。

四　森林与民俗（张德成、殷继艳，2006）

森林崇拜、森林文学及人类长期与森林相关的生产生活实践的互动，使森林意识渗透到人们生活的方方面面，形成具有森林特色的风尚和习俗，以各种符号形式延伸到婚丧嫁娶、衣食住行各个方面。例如，中国以前春节有悬挂桃符的习俗，是因为古人认为桃树具有辟邪的功能，《礼记》曾记载："君临臣丧，以巫祝桃列执戈，鬼恶之也。"所以人们往往在重要节日悬挂佩戴桃木制品来辟邪；枫树是苗族的神树和祖先树，所以苗族恋爱男女会把名字刻在枫树上以见证他们的爱情，而在彝族，对于人丁不旺的家庭，会为孩子选一棵神树保佑孩子健康成长，并且孩子的名字要与树有关（刘荣昆，2016）。在闽台地区榕树被尊为神树，节庆时要用榕树枝扎彩楼，结婚时礼品上要放榕枝，老人去世后要用榕枝扎制的花圈。而中国墓葬自古便有植树的习俗，尤其是松柏树的种植。

森林作为人类生存和发展的主要支撑系统。尤其是原始文明和农耕文明时期，森林对人的影响非常巨大，人们的衣食住行等都受森林的影响，所以人们生活中的很多习俗必然与森林有关。一方面人们通过自己的劳动实践，作用于森林，让森林打上人类文化的印记。另一方面森林宏伟壮观，自然的神秘莫测对人的精神产生影响，形成对森林的崇拜，进而形成宗教教义和哲学思想，渗透于人类生活的各个方面，从而形成有森林色彩的民俗。

（一）树木的文化寓意

中国的民间很多习俗和森林有着极其重要的关系，以森林元素的各类符号虽不起眼，但却无处不在，无人不用，因为森林元素的各种外在含义，随着其延伸到人们的衣食住行各个方面，开始有了丰富的内涵，其内在含义包含好运、幸福、长寿、发财等的文化植物有很多被人们赋予吉祥意义，例如，岁寒三友、天地长春就是用植物来表示吉祥内容的。前者大多用梅、竹、松来表示，后者则多数用天竹、南瓜、长春花来寓意。杞菊延年的吉祥图，画的是菊花和枸杞。石榴象征多子多福，橘象征大吉，佛手象征幸福，芙蓉象征荣华富贵等。如喜鹊、梅花的组合为抬头见喜，以蝙蝠、蜜桃组合为福寿双全；再比如因为竹子的特征，而有节节高升之意，又因古代除夕烧烤竹子以驱邪的传统，固有竹报平安之说，同时祝福和竹福谐音，所以竹子能给人带来好运和福气，因此有幸运竹之说。梅花有五个花瓣，而《尚书·洪范》中解释五福有："一曰寿，二曰富，三曰康宁，四曰修好德，五曰考终命"，故有梅开五福的说法。闽浙一带多产橘，其果实色泽橙黄或橘红，其中一种色泽大红的称为福橘，有大富大吉的寓意，又因其收获季节接近年关，所以又称为年橘，几乎家家户户都买来过年以示大吉大利。花市也生产各种盆栽的年橘以作为礼物送给亲朋，在家中摆放象征吉祥幸福。此外，牡丹富贵、松柏长青都是森林的文化功能的重要象征。还有松鹤延年来寓意吉祥长寿，五瑞图即松竹萱草兰寿石，寓意福禄寿喜财，五清图即用松竹梅月水五种图案构成，象征高洁；岁寒三友图，即松竹梅象征友谊忠贞，岁寒同生。松树在中国传统文化中有着极其的重要地位，不仅在汉族的传统里有着极其重要的地位，在少数民族的传统里也有着重要地位。松、柏等树木被认为是驱邪避灾的法宝，怒族人认为鲜松枝可以消灾祛病，凡是重大节日祭祀或举行婚礼，家家户户都要采集鲜松枝插在屋梁中央，祈祷人们安居乐业。柯尔克孜族的诺劳孜节，各户家长们起床后的第一件事情就是燃烧松柏枝，将冒烟的树枝在每个人头上转一圈，以祈求平安吉祥，而在汉族地区，举办婚礼的时候，会在各种礼盒上遮盖松树枝，称为百事如意喜神，有喜神护路一路平安之意。而南方地区在节日祭祀的时候，往往也会在祭台上放松枝，这样既可以辟邪也代表吉祥。

表 3 – 3　　　　　　　　　　部分树木文化寓意

序号	寓意	树种及象征意义
1	寓意长寿安康	榕树：又名万年青，生命力强大，具有"独木成林"的生长特性，是福建、广东等地的常见树种，也是福州和赣州的市树，因为生命力顽强，并且有"母子同根"的习性，人们喜欢将其种植在庭院，寓意长寿安康
2		椿树：庄子的《逍遥游》中曾写道："上古有大椿者，以八千岁为秋。"因此椿树被视为长寿之木，并且由于易于生长，有的地区有摸椿习俗，通过让孩子摸椿树来寓意快快长高
3		银杏：作为地球最古老的树种之一，属于孑遗树科，被誉为活化石，千年古木并不罕见，因此往往寓意长寿，同时由于其往往群生，因此民间又有多子多福的寓意，在古代祠堂周围多有种植
4		香樟树：是江南四大名木之一，因为有独特的香味，能够防虫，并且高大久生，寓意辟邪、长寿、吉祥如意，因而深受人们的青睐，被杭州、义乌、马鞍山等城市选为"市树"
5		鹅掌楸：是落叶大乔木，因叶大形似马褂，故有马褂木之称，具有耐旱、速生、对病虫害抗性强等特点。同时作为孑遗植物，可追溯至中生代，因此有长寿之寓意
6		松树：因四季常青，高大耐旱，被视为长寿的象征，民间有"松鹤延年""寿比南山不老松"的说法。古诗中也多有描述，例如，唐代诗人杜甫在《凭韦少府班觅松树子》中写道"落落出群非榉柳，青青不朽岂杨梅。欲存老盖千年意，为觅霜根数寸栽"；宋代的宋祁在《西壁画松》中描绘道"数株森立写敏坚，霜骨鳞肤千万年"；明代的刘溥在《赋得贞松寿姑苏张继孟八十》中说"世间草木总卑小，如就彭祖观婴孩"，都反映出中国自古对松树长寿寓意的认可
7	寓意富贵吉祥	牡丹：由于花朵雍容大气，有着花开富贵的寓意。尤其是盛唐时期，赏花成为国都长安的节日，从而衍生了众多诗歌，唐代诗人刘禹锡在《赏牡丹》中写道"惟有牡丹真国色，花开时节动京城"。而在传统习俗中，牡丹与石头或梅花的组合寓意"长命富贵"，牡丹与玉兰或海棠的组合寓意"玉堂富贵"或"富贵满堂"
8		福禄桐：是近代引进的树木，因造型飘逸，叶姿风情万千被寓意富贵吉祥。如"家有福禄桐财运更亨通"，与此类似的还有发财树、幸福树等树木，被人冠以美好的寓意
9		海棠：由于花开似锦，素有"花中神仙""花贵妃""花尊贵"之称，又因与"堂"同音，常与玉兰花、牡丹花、桂花相配在一起，取玉兰花的"玉"字、牡丹的花语"富足"、桂花的花语"贵重"，组成了"玉堂富贵"
10		核桃树：寓意希望子孙繁衍像大核桃树一样兴旺，核与和同音，寓意和和美美

续表

序号	寓意	树种及象征意义
11		栾树：又名金钱树，寓意着富贵招财进宝
12		国槐：民间俗谚有："门前一棵槐，不是招宝，就是进财。"古代常以槐指代科考，考试的年头称槐秋，举子赴考称踏槐，考试的月份称槐黄。槐象征着三公之位，举仕有望，且"槐""魁"相近，企盼子孙后代得魁星神君之佑而登科入仕。此外，槐树还是古代迁民怀祖的寄托，具有思乡等文化意义
13	寓意富贵吉祥	橘：橘有灵性，传说可应验事物。在民俗中，橘与吉谐音，简化字通用桔字。以桔趋吉祈福。金桔可兆明。《中华全国风俗志》载有杭州一带"元旦日，签柏枝于柿饼，以大桔承之，谓之百事大吉"
14		柿树：由于柿果果形像喜庆的灯笼，而颜色红彤彤的充满火热的生命力，并且"柿"字的发音和"事"字谐音等原因，在中国传统的吉祥祝福和国画中，柿树往往被赋予美好寓意，如红事（柿）当头、事事（柿柿）如意、时时（十柿）如意等
15		桃树："桃"与"逃"同音，故桃树被赋予了逃灾避难的特殊含义，在婚庆、祭祀和建筑等重要活动时，被人们手拿或插放，以求吉利，《太平御览》引《典术》中说："桃者，五木之精也，故厌伏邪气者也。桃之精生在鬼门，制百鬼，故作桃人梗著门，以厌邪气。"桃制百鬼，鬼畏桃木。古人多用桃木制作成种种厌胜避邪用品。如桃印、桃符、桃剑、桃人等
16		松树、柏树：以松柏象征坚贞松枝傲骨峥嵘，柏树庄重肃穆，且四季长青，历严冬而不衰。《论语》赞曰："岁寒然后知松柏之后凋也。"松与竹、梅一起，素有寓意品格情感、岁寒三友"之称。文艺作品中，常以松柏象征坚贞不屈的英雄气概。
17	寓意品格情感	竹：高风亮节、谦虚。竹种浩繁，类别上百。许多竹，都已寓有文化意蕴。如：斑竹（湘妃竹）、慈竹（也称孝竹、子母竹）、罗汉竹、金银玉竹、天竹（天竺、南大竹）等。如将天竹加南瓜、长春花合成图案，谐音取意可构成"天地长春""天长地久"的寓意。竹又谐音"祝"，有美好祝福的习俗意蕴
18		梅：象征坚强不屈。梅的枝干苍劲挺秀，宁折不弯，被人们用来象征刚强不屈的意志，而迎风斗雪怒放的梅花，则最先给人间透露春的气息
19		大叶相思树："红豆生南国，此物最相思。"飘逸的大叶相思树，是恋人们最中意的植物
20		合欢：属落叶乔木，羽状对偶复叶，夜间双双闭合，夜合晨舒，象征夫妻恩爱和谐，婚姻美满。故称"合婚"树。汉代开始，合欢二字深入中国婚姻文化中。有合欢殿、合欢被、合欢帽、合欢结、合欢宴、合欢杯。诗联有："并蒂花开连理树，新醅酒进合欢杯"

序号	寓意	树种及象征意义
21	寓意品格情感	胡杨:比喻坚忍不拔毅力。胡杨是杨属的白杨和灰杨两个品种,由于它们的外形、习性相近,人们把它们统称为胡杨。胡杨是干旱沙漠地区唯一能构成浩瀚森林的乔木树种。维吾尔族人给了胡杨一个最好的名字——托克拉克,即"最美丽的树"。维吾尔族民间流传着一句话,叫做"三千年的胡杨":"生而不死一千年,死而不倒一千年,倒而不朽一千年"

（二）寄身树

由于树木强大的生命力,民间往往将树木崇拜与民间的"过房""寄养""认干亲"等习俗集合,认古树大木为亲人,祈求树木的保护,古树大木就成为孩子的护身符。

广西壮族民间有祭拜寄身树的习俗,在当地会选择村边路旁的一棵或几棵榕树、木棉树作为家族或个人的寄身树,视为家庭和个人的护身符,不得砍伐。若小孩经常生病,则请巫婆将小孩的姓名生辰等写在红纸上,贴在寄身大树上,认树木为父母,以便寄身树为其祛病赐福。

贵州的仡佬族有"拜树保爷"的风俗,当地人会选择古树巨木作为孩子的"保爷",需要对"树保爷"进行拜祭,并当着"树保爷"给孩子取名,以祈求古树保佑孩子健康成长。

瑶族群众也有小孩寄拜树木的习俗,不过专门寄拜一种椿劝树,瑶语称"机阿羊"。瑶族民间巫师"布么"在为小孩卜卦时认为孩子"命根浅"或者"有条命根尚未着地",即要举行"寄椿木"仪式,以祈求孩子的命根子像椿树根一样扎得又深又牢。祭仪在椿树下举行,小孩在家长带领下,由"布么"主持,在椿树根部插三炷香,献上酒肉饭叩头祭拜,以后每年农历大年初一,孩子都要到椿树进行祭拜,把椿树视为"保爷""保公"。

汉族地区也有拜树木的习俗,例如,浙江天目山区,至今仍广泛流行拜"树干爹""树干娘"的习俗。尤其孩子体弱多病,一般会寻找一棵古树认作"干爹""干妈",同时准备相关祭品进行祭拜,并将有孩子名字和生辰八字"寄拜树名大王座前"字样的红纸或木牌贴在或挂在树上，此后子女及其家庭不但要视大树为亲戚，逢年过节前往祭拜，平时还要为大树疏枝、培土、施肥、除草、除虫等，爱护得非常周到，这在客观上促成了群众性的爱林护林的好习惯、好风尚，对小孩也有潜移默化的作用。

类似的还有浙江沿海玉环岛的元宵节"摇竹娘"的风俗，深夜孩子通过摇竹子并念诵歌谣祈求自己和竹子一样快速长高，而河北则有"绕椿树"的风俗，过年小孩会绕着椿树转圈祈求椿树保佑其长高长大，希望能够和椿树一样茁壮成长。

（三）护身符

西藏珞巴族苏龙部落带孩子外出时，会随身携带竹枝条，以保护孩子不受邪祟侵害，在当地此类竹枝为"达宁"，认为"达宁"竹枝有火，能够有效防止恶鬼侵害，起到护身符的作用。汉族地区也有类似的习俗，如山东半岛地区，新生儿出门也有挂桃枝的习俗，起到辟邪的作用。

贵州的"跳肚蛋"的习俗也是类似的意义，当地的春天第一声雷响后，会在小孩的床前点燃冬青的枝条，使叶子爆响，小孩则撩起衣襟"跳肚蛋"，一直送到大门口，这样就可以把家里的邪气驱出自家大门之外，保佑家人和孩子新一年平安幸福。

侗族地区有着"老树护寨，老人管寨"的谚语。侗族的村寨有着独特的森林文化，认为只有有着森林的地方才是适宜居住的村寨，而森林需要有大批老树，古树被认为具有灵气，对村寨具有保护作用，避免村寨受到邪祟的侵扰。

布依族，在新婚的第一个新年，夫妻会共同栽种一棵柏树，作为爱情的守护神，保佑夫妻婚姻美满，爱情坚贞；当有人离世的时候，布依族也会在去世的人家门前点燃柏树枝丫，让送葬的人依次从其上面跨过，能够驱鬼辟邪，给予了树木神化的力量，而现在的研究的确表明柏树等树木的挥发物质的确具有消毒杀菌的作用。

（四）生辰树

在中国很多地方有着为新生儿种树的习俗，例如，浙江地区的群众会在孩子出生时种植"同龄树"，希望孩子如树木一样茁壮成长，丽水等地有"贺生林"的风俗，当地群众流行的民谚是"十八年树木成材，十八年儿女成人"，希望子女如树木一样根深叶茂，除了美好的寓意，也有着现实的经济意义，会在子女成婚的时候为其打造家具或者提供嫁妆。

而湘、桂、黔等地的汉族、侗族等群众历代流传的"十八杉"习俗，也与"同龄树""贺生林"有异曲同工之效，这对促进各族群众形成爱林育林护林的良好社会风气，起到巨大促进作用。事实证明，"同龄树""贺生林""十八杉"等，一经种植，当地群众便像养育自己的孩子一样爱护幼树，孩长树大，树木实际上成为儿女成长的象征和护身符。这种树林，造一片就能成一片，往往枝繁叶茂，苗壮挺拔，硕果累累。这种树，既是群众得子的纪念，也是农家收入的财源。湘西、桂北、黔东南的连山接岭的杉木林区，便与当地各族群众盛行"十八杉"的习俗密切相关。

（五）森林对民族节庆的影响

节庆假日是中国传统文化的重要组成部分，它源于生活生产中的各种活动，包括天文历法以及对风调雨顺、美好生活的期盼，反映了中华民族的生活生产方式、精神寄托、审美情趣和价值观念，同时也潜移默化地影响着人们的日常行为和民族性格。而森林作为人类生产生活的重要组成部分，其在人们生活中有着不可替代的作用，所以节庆文化处处都能找到森林影响的痕迹。

（1）春节是中国人重要的传统节日，除夕是农历一年的最后一天。传说除夕便是要祛除叫年的怪兽，正如《神异经》中说："西方深山中有人焉，其长尺余，性不畏人，犯之令人寒热，名曰山魈。以竹著火挂燿，而山魈惊惮。"爆竹最早并不是现在的火药爆竹，而是用火烧竹子，发出噼里啪啦的声音，以驱除山鬼和瘟神，所以叫作爆竹。王安石的《元日》里写道："爆竹声中一岁除，春风送暖入屠苏。千门万户曈曈日。总把新桃换旧符。"可见桃符在春节里也是很重要的，而桃符后来发展成为门神和对联的形式。

（2）清明节其源远流长，大概起源于周朝。作为传统民间节日，除了祭奠先人扫墓外，清明节还有很多和森林有关的习俗，比如植

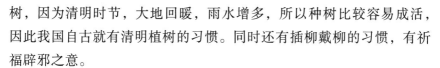

树，因为清明时节，大地回暖，雨水增多，所以种树比较容易成活，因此我国自古就有清明植树的习惯。同时还有插柳戴柳的习惯，有祈福辟邪之意。

（3）端午节本是先民创立用于拜祭龙祖、祈福辟邪的节日。因传说战国时期的楚国诗人屈原在五月五日跳汨罗江自尽，后来人们也将端午节作为纪念屈原的节日。总的来说，端午节起源于上古先民择"飞龙在天"吉日拜祭龙祖、祈福辟邪，注入夏季时令"祛病防疫"风尚；把端午视为"恶月恶日"起于北方中原，附会纪念屈原等历史人物纪念内容。由于端午时值仲夏，是皮肤病多发季节，而端午日是草木药性在一年里最强的一天，这天采的草药治皮肤病、祛邪气最为灵验、有效。民间有在端午采草药煲水沐浴的习俗，故称浴兰节。据西汉礼学家戴圣所编的《礼记》中说，周代已有"蓄兰沐浴"的习俗；古人五月采摘兰草，盛行以兰草汤沐浴、除毒之俗。《大戴礼记·夏小正》："五月，……煮梅，为豆实也，蓄兰为沐浴也。"屈原《九歌·云中君》："浴兰汤兮沐芳，华采衣兮若英。"南朝梁人宗懔《荆楚岁时记》云："五月五日谓之浴兰节。"此俗流传至唐宋时代，又称端午为浴兰之月。同时古人认为菖蒲、艾草有辟邪作用，端午阳气旺，且艾、菖长势茂盛，每年端午人们有在门上挂菖蒲或艾草辟阴邪的习俗，故端午节也称"菖蒲节""艾节"。

（4）中秋节起源于上古时代，普及于汉代，定型于唐朝初年，盛行于宋朝以后。自古便有祭月、赏月、吃月饼、玩花灯、赏桂花、饮桂花酒等民俗，除和桂花有关的习俗外，在很多地方形成独特的与植物有关的习俗，如湖南衡阳"送瓜祈子"的习俗。"凡席丰履原之家，娶妇数年不育者，则亲友举行送瓜，先数日，于菜园中窃冬瓜一个，须令园主不知，以彩色绘成面目，衣服裹于其上若人形。举年长命好者抱之，鸣金放炮，送至其家。年长者置冬瓜于床，以被覆之，门中念曰：'种瓜得瓜，种豆得豆'。受瓜者设盛筵款待之，若再事然。妇得瓜后，即剖食之。俗传此事最验云。"在衡阳，凡是村里结了婚没有生育儿女的人家，只要人缘好，村里都会有人给他们"送子"。在中国台湾，中秋夜有未婚女子"偷菜求郎"之俗。相传未婚少女偷得别人家菜园内的蔬菜或者葱，就表示她将来会遇到一个如意郎君。因此，中国台湾有句俗语"偷着葱，嫁好郎；偷着菜，嫁好婿"，指的就是这项习俗。湖南侗乡的中秋之夜，也流行着"偷月亮菜"风俗。相传古时候，中秋晚上，月宫里的仙女要降临下界，她们把甘露洒遍人间。仙女的甘露是无私的，因此，人们这一夜可以共同享受洒有甘露的瓜果蔬菜。

（5）重阳节源自天象崇拜，起始于上古，普及于西汉，鼎盛于唐代以后。据现存史料及考证，上古时代有在秋季举行丰收祭天、祭祖的活动；《吕氏春秋·季秋纪》中记载："（九月）命家宰，农事备收，举五种之要。藏帝籍之收于神仓，祗敬必饬。是日也，大飨帝，尝牺牲，告备于天子。"可见当时已有在九月农作物秋收之时祭天帝、祭祖，以谢天帝、祖先恩德的活动。这是重阳节作为秋季丰收祭祀活动而存在的原始形式。唐代是传统节日习俗糅合定型的重要时期，其主体部分传承至今。古时民间在重阳节有登高祈福、秋游赏菊、佩插茱萸、拜神祭祖及饮宴祈寿等习俗。例如，晋代文人陶渊明在《九日闲居》诗序文中说："余闲居，爱重九之名。秋菊盈园，而持醪靡由，空服九华，寄怀于言。"体现了人们赏菊饮酒的习俗。同时由于古代风行九九插茱萸的习俗，所以又叫作茱萸节。茱萸是一种可以做中药的果实，因为出产于吴越地（今江浙一带）的茱萸质量最好，因而又叫吴茱萸。古人认为在重阳节这一天登山插茱萸可以驱虫祛湿、逐风邪。于是便把茱萸佩戴在手臂上或磨碎放在香袋里，还有插在头上的。大多是妇女、儿童佩戴，有些地方男子也佩戴。茱萸入药，可制酒养身祛病。插茱萸和簪菊花在唐代就已经很普遍。茱萸香味浓，具有明目、醒脑、祛火、驱虫、去湿、逐风邪的作用，并能消积食、治寒热。插茱萸等古俗则是民间登山祛风邪的行为，重阳节清气上扬，浊气下沉，人们用天然药物茱萸等调整体魄健康，使其适应自然气候变化。

（6）仡佬族拜树节（郭金世、胡宝华，2013）。仡佬族的拜树节时间是每年农历正月十四。节前，由六户人家负责收钱买祭品，由一人推石磨空转三次，表示告之山神，并逐巷逐寨呐喊"久剁刀"（意即祭山神）。节间，人们会宰杀鸡、猪、羊等进行祭祀，各户带上酒肉，向房前屋后及山上的树木"拜树"，对树木进行培土除草，并开展植树造林活动，这使仡佬族村寨往往林木茂盛，并有千年古树留存。

（7）藏族祭山节（王瑜，2012；李屏，2015）。每年农历三月初六，是藏族的祭山节，由全村各户凑钱买鸡羊，到村寨的神山或作为神庙的碉房之前宰杀，由宗教巫师主持祭祀，集体的祭山活动结束后，一些夫妇还会专门另备祭品向山神祈祷许愿，祈求生子。祭山之后，从农历三月到十月，庄稼收割之前，不许任何人进山采樵、放牧。

在大小金川藏族的三月中旬或四月十五，即播种后，也到山上敬山神，"熏烟烟"。在举行此节日前，各寨各户事先分半升粮，用核桃壳当升，一升作一石，量五色粮给山神，撒在山上，作为给山神纳粮。同时用柏枝熏烟，禳解病虫害。并且把几只羊、猪、鸡放到山上，或养在家不杀。山上也开始封山，熏烟宰羊杀鸡敬山神，喇嘛念经敬山神，点一二斤酥油灯，以后不许砍柴伐木和烧炭。犯了会起风雪，喇嘛在山界插旗。用木头刻咒文，拿菜籽念咒语后放在松香上，对着风雪来的方向，以防止狂风暴雪，菜籽放在手上会跳，能退风雹，除在山上熏烟，并各在家念经一天。这个节日忌带白色东西上山。山上已砍倒剥皮的树枝用枝叶盖好。封山各地都有，时间三、四月初一、十二、十五均可。封山后直至秋收后才"开山"，每家仍出一撮粮，敬献山神，并用小杯量五色粮，给山神上粮。

（8）羌族祭山节（杨光成，2001）。羌族最隆重的民族节日为"祭山会"（又称转山会）和"羌年节"（又称羌历年），分别于春秋两季举行。春季祭山会祈祷风调雨顺，秋后则答谢天神赐予的五谷丰登。举行祭山会的时间各地并不统一，有农历正月、四月、五月之分，也有每年举行1次或2—3次不等，祭山程序极为复杂，所献牺牲因各地传说不同、图腾不同而有差异，大致可分"神羊祭山""神牛祭山""吊狗祭山"三种。大典多在神树林一块空坝上举行。这天，每家房屋顶上插杉枝、室内神台上挂剪纸花、点松光、烧柏枝。

一些地方在祭山之后还要祭路三天，禁止上山砍柴、割草、挖药、狩猎等。

（9）布依族三月初三祭山节。"三月三"是布依族传统的民族节日，已有上百年历史。布依族在这天自发组织在寨内举行祭祀活动，一来祈求寨内平安，二来祈求风调雨顺。节日期间，男主人背着背篓和镰刀，扛着锄头，女主人背着祭品、牵着孩子，不辞辛苦地在一个月之内将自己家的祖坟全部上完，并在坟山植树以示纪念。也有宗族集体到祖坟墓地挂青的情况，大家杀猪宰鸡。嫁出去的姑娘要带着祭祀的物品回娘家参加挂青。人们到山野踏青游春，儿童们摘嫩枫叶做成圆球抛打，妇女们则摘几片嫩枫叶插在头髻上，把枫树的枝丫插在房屋的四周。当然踏青绝不仅仅是要谈情说爱，更重要的是游戏娱乐。耽于劳作的人们，此时可以郊原驰骋、山野纵横了。于是，女孩儿树上挂起秋千，男孩儿空地放起风筝、打水枪。

（10）怒族祭山林节。祭山林一般在正月初四五举行。此项活动只限于男性参加，牺牲为黑羊。在兰坪一些怒族村寨，村民保留着对日月、山岳、河流、巨石、树林等自然崇拜。每年春天，当桃花含蕾欲放时，村寨合族全体男子，聚集在村寨附近神树下——一般多是核桃树，欢度"祭山林节"。仪式由巫师主持，村民杀一只黑羊祭天祀树，以祈风调雨顺，五谷丰登。祭毕，大家在神树下烹羊共享，而不能带回家去。对于神圣的树林，村民不但严禁砍伐，同时，他们还禁止在祭场附近射鸟猎兽。于是，这一原始淳朴的祭日，使村寨附近周围林木葱茏，起到了涵养山林、保护水土，保村护寨的作用。

（11）转山节。也称泸沽湖转山节，流行于宁蒗彝族自治县，是纳西族朝拜格姆女神山的节日。转山节在于农历七月二十五日（白露前后），是摩梭人一年中最盛大的节日，人们认为摩梭人（纳西族）对格姆山的崇敬，是因山上的云来雾往直接影响泸沽湖地区的农耕，所以摩梭人才把白露节令前后丰收在即的日子，定为崇敬山水的节日。每到农历初一、初五、十五和二十五清晨，各家的人都要到自家相应的"索夸苦"烧上一笼新鲜松叶香磕头敬山神。

（12）植树节。中国植树节定于每年的3月12日，是中国为激发人们爱林、造林的热情，促进国土绿化，保护人类赖以生存的生态环境，通过立法确定的节日。许多国家根据本国特定的环境和需求，确定了自己的植树节。1979年，在邓小平提议下，第五届全国人大常委会第六次会议决定每年3月12日为我国的植树节。1981年12月13日，五届全国人大四次会议讨论通过了《关于开展全民义务植树运动的决议》。这是中华人民共和国成立以来国家最高权力机关对绿化祖国做出的第一个重大决议。从此，全民义务植树运动作为一项法律开始在全国实施。1984年9月，六届全国人大常委会七次会议通过修改的《中华人民共和国森林法》总则中规定："植树造林、保护森林是公民应尽的义务"，从而把植树造林纳入了法律范畴。

（13）"世界森林日"，又被译为"世界林业节"，英文是"World Forest Day"。这个纪念日是于1971年，在欧洲农业联盟的特内里弗岛大会上，由西班牙提出倡议并得到一致通过的。同年11月，联合国粮农组织（FAO）正式予以确认。1972年3月21日为首次"世界森林日"。"世界森林日"的诞生，标志着人们对森林问题的警醒。当今世界各国都特别重视，通过纪念"世界森林日"来引导人们更加关注森林、保护森林。从而唤醒人民加倍珍惜森林资源，加倍爱护森林树木；促进发达国家向发展中国家提供先进的林业技术等；同时还可利用国际立法的方式来规范林业活动特别是伐木行为。设立世界森林日这一节日的目的是为了引起世界各国对人类的绿色保护神——森林资源的重视，通过协调人类与森林的关系，实现森林资源的可持续利用。有的国家把"世界森林日"这一天3月21日定为植树节；有的国家根据本国的特定环境和需求，确定了自己的植树节；而今，除了植树，"世界森林日"广泛关注森林与民生的更深层次的本质问题。国际森林保护节是我国目前唯一的以森林保护为主题的节庆活动和公益盛会。自1991年以来，张家界国际森林保护节已成功举办了十届，得到了国家林业局、国家环保总局、国家旅游局等中央政府机构及湖南省人民政府的肯定和大力支持，其丰富的文化内涵正吸引着越来越多的国际组织和境内外媒体的关注，并逐渐成为全球森林保护事业、构建和谐世界的重要交流与合作平台。

（14）世界湿地日。1971年2月2日，来自18个国家的代表在伊朗南部海滨小城拉姆萨尔签署了《关于特别是作为水禽栖息地的国际重要湿地公约》。为了纪念这一创举，并提高公众的湿地保护意识，1996年《湿地公约》常务委员会第19次会议决定，从1997年起，将每年的2月2日定为世界湿地日，并每年都确定一个不同的主题。利用这一天，政府机构组织和公民采取各种活动来提高公众对湿地价值和效益的认识，从而更好地保护湿地。

（15）生物多样性国际日。联合国环境署于1988年11月召开生物多样性特设专家工作组会议，探讨一项生物多样性国际公约的必要性。1989年5月建立了技术和法律特设专家工作组，拟订一个保护和可持续利用生物多样性的国际法律文书。到1991年2月，该特设工作组被称为政府间谈判委员会。1992年5月内罗毕会议通过了《生物多样性公约协议文本》。公约于1992年6月5日联合国环境与发展大会期间开放签字，并于1993年12月29日生效。缔约国第一次会议于1994年11月在巴哈马召开，会议建议12月29日即公约生效的日子为"国际生物多样性日"。同时，联大敦促联合国秘书长和联合国环境规划署执行主任，从各个方面采取必要措施，以期确保国际生物多样性日活动的连续如期举行。2001年5月17日，根据第55届联合国大会第201号决议，国际生物多样性日改为每年5月22日。

（16）中国森林旅游。"中国森林旅游节"是林业行业的一次盛会，也是林业与相关各界互动的重要平台。中国森林旅游节是经专家组评审，全国清理和规范庆典研讨会论坛活动工作领导小组审议，并由党中央、国务院审批，由国家林业和草原局主办的重要节庆活动之一。通过举办"中国森林旅游节"，可以集中展示我国林业保护建设和森林旅游发展成就，提高森林旅游的社会影响力，激发人们走进森林、体验自然的热情，培养人们尊重自然、顺应自然、保护自然的生态情怀。通过举办"中国森林旅游节"，可以扩大林业与相关各界的交流与合作，凝聚多方力量，营造合力推进森林旅游发展的良好氛围。举办"中国森林旅游节"对于充分发挥林业的多种功能，进一步提高森林、湿地、荒漠及野生动植物资源的保护性利用水平具有重大意义。

（17）其他森林相关节日。很多地方根据地方特色也形成了独具特点的森林文化节日。例如，中国杨树节，为做强做优中国杨树产业"品牌"，发挥"中国意杨之乡"的独特优势，推动以杨树产业为龙头的农业产业化、工业化进程，泗阳县在 2005 年 6 月和 2007 年 6 月已成功举办第一届、第二届中国杨树节，中国杨树节由中国林学会、国际林联、国际杨树委员会与县人民政府共同主办，以"打造绿色家园、发展生态产业、推进低碳经济、构建和谐社会"为宗旨，突出"杨树造福人类"主题，是一个具有"规格更高、国际性更强、社会参与面更广、影响力更大"特点的国家级水准节会，是一项集工、农、贸、商、学、游于一体的国际性的大型综合性活动。

（18）爱鸟节。鸟类与人类，自古就是亲密的朋友。自从人类在地球上出现之后，在向大自然争取生存和发展中，就与鸟类建立了情同手足的关系，在生产和生活中与鸟类结下了不解之缘。世界上很多国家政府为了普及爱鸟知识和提高人民对护鸟的认识，根据本国的季节气候规定了爱鸟日、爱鸟节或爱鸟周、爱鸟月。1981 年，国务院批转了林业部等 8 个部门《关于加强鸟类保护，执行中日候鸟保护协定的请示》报告，要求各省、市、自治区都要认真予以贯彻执行，并确定在每年的 4 月末 5 月初的一个星期内为"爱鸟周"，在此期间开展各种宣传教育活动。

（19）牡丹文化节。中国洛阳牡丹文化节前身为洛阳牡丹花会，已入选国家非物质文化遗产名录，始于 1983 年，2010 年 11 月，经国务院、国家文化部正式批准升格为国家级节会，更名为"中国洛阳牡丹文化节"，由国家文化部和河南省人民政府主办。花开花落二十日，一城之人皆若狂。中国洛阳牡丹文化节是一个融赏花观灯、旅游观光、经贸合作与交流为一体的大型综合性经济文化活动。它已经成为洛阳发展经济的平台和展示城市形象的窗口，洛阳走向世界的桥梁和世界了解洛阳的名片。

第七节　本章小结

　　森林文化价值是人与森林互动中形成的对人的积极影响，反映的是森林对人精神需求的满足能力，可以用"共生时间"来表现，一方面体现了森林对人的吸引力，形成的当下人们乐于消费在森林中的时间，另一方面展现人与森林和谐共生的历史时间。而森林文化价值对不同人具有不同的影响，这是由于森林文化价值具有多层次性，包括满足感官层次的价值，主要指通过生理满足来给人带来精神愉悦感，具有普遍性；认知层次的价值，主要指人们需要将以往的认知和森林中的指示物相结合从而形成新的认知，满足人的好奇心从而形成更深层次的精神愉悦；情感层次的价值，主要指人们对森林产生森林情感，能够从森林活动中获得持久的愉悦感，从而不断形成正激励的良性循环。具体而言，森林文化价值主要包括森林美学价值、森林游憩休闲价值、森林康养价值、森林科教价值、森林历史价值及森林宗教艺术价值6个方面，通过这些价值的综合发挥从而使人获得相关效用的满足。本章主要是对森林文化价值的概念、内涵、特征、产生及发展机制进行了论述，明晰了森林文化价值的边界，对森林文化价值进行了详细分解，为森林文化价值评估确定了评估范围。

第四章

森林文化价值现有评估方法及价值尺度

　　森林的文化价值的研究起步较晚，对其价值的评估更多的是借鉴已有的评估方法进行评价，目前可以借鉴或已经使用的方法，主要在两种尺度下进行评估，一种为以货币尺度作为衡量标准的评估方法，另一种是指数作为尺度的评估方法。货币化的评估主要包括市场价值法、替代市场价值法和假想市场法，已被广泛地运用于环境经济学等资源评价中；指数化评估主要包括层次分析法、综合模糊评价方法和因子分析法等，通过指标体系的建立对森林文化价值进行评价。

第一节　货币尺度的评价方法

一　替代市场法

　　替代市场法是使用替代物的市场价格来衡量没有市场价格的环境物品的价值的一种方法，一般包括替代成本法、防护支出法、旅行费用法、享乐价格法和最新发展的 GIS 估值法。

　　替代成本法是由于缺乏相应的市场价格，无法直接计算其价值，通过寻找相似的替代物来计算成本或收益的方式来衡量其价值。重置成本法、防护支出法、影子价格法等方法的基本原理都是基于此。在具体运用上，例如，李坦（2013）通过收益和成本理论对北京市延庆县的森林生态系统服务价值进行评估，对其收益和成本进行比较分析，得出延庆的森林的社会收益为805.6万元。

但是这一方法的主要局限在于需要大量的数据调查，而替代品是否可以真实反映价值可能存在偏差。

（1）旅行费用法（Travel Cost Methond，TCA 或 TCM）是一种间接的评估方法，多应用在旅游目的地的游憩价值评估、游憩资源利用和管理、单项游憩活动价值评估等多个方面。该方法是 M. Clawson 于1959 年提出的。其基本模型主要有分区旅行费用模型和个人旅行费用模型，并在此基础上产生了混合旅行费用模型、随机及享乐旅行费用模型。其基本步骤为：①定义划分游客区域；②进行抽样调查；③计算旅游率；④估计需求函数；⑤绘制需求曲线；⑥计算消费者剩余。Maille（1993）较早将该方法用于对热带雨林的游憩、景观和美学价值的估算。自此该方法被广泛应用于国内外森林旅游价值的评估，例如，白斯琴等（2015）采用旅行费用法中的 ITCM 模型对猫儿山国家森林公园进行价值评估，并根据回归分析得出影响森林公园使用价值的主要因素是教育背景、费用及卫生环境；李俊梅（2015）综合运用旅行费用法和条件价值法对昆明西山森林公园游憩价值评估并对两种方法的计算结果进行比较，认为游客的年龄和收入对支付意愿影响明显；董天（2017）以北京奥林匹克森林公园为例，对 ZTCM 和 TCIA 两种评估方法进行了比较，认为旅游费用分区模型 TCIA 拟合度更高，更适用于同一出发地旅行费用差异较大的样本地进行评估。

此方法主要针对游憩价值的核算，在评价森林文化价值过程中其主要局限在于不能评估非使用价值，而对闲暇时间的处理存有异议，同样需要大量的数据，其质量和广度受经费限制。

（2）享乐价格法又称特征值价格法。其理论基础源自特征值理论，认为商品价格是由其一系列特征决定的，人们购买该商品是对其特征的综合评价。在实际运用中主要利用房地产的价格进行，而在利用该方法对森林文化价值进行评价时主要是将森林的美学价值、游憩价值、康养价值等影响因素纳入考量，一般首先假设消费者了解房产价格的各种变量信息，这些变量是连续的并都会对房价造成影响，再构建上述变量和房价的函数关系，再计算森林文化价值的边际隐含价格，从而估算森林文化价值的收益，但对于非边际变化的函数则需要通过估算需求曲线通过线性回归来计算。早在 19 世纪初期，国外就开始利用该方法来研究森林对房产价格的影响，认为房屋周边有无树木，房屋价格差距显著，前者价格明显高于后者，对房屋的增值影响在 8%—20%（Wachter，2000；Crompton，2001；Luttik，2006；Wolf，2007）。在国内利用该方法的也有很多，例如，尹海伟（2009）用享乐价格法对上海绿地宜人性对房价的影响分析中指出绿地的景观价值对房价的影响较为明显；石忆邵（2010）对上海黄兴公园对房价影响的研究中表明，其影响范围为 1.59 公里；焉维维（2016）综合使用了旅行费用法、享乐价格法及条件价值法以杭州市西溪国家湿地公园为例对城市公园绿地经济价值进行了测算。

　　该方法必须找到受到森林文化价值影响制约的可在市场交易的商品，而目前广泛应用的房产价格，受距离影响对很多远郊森林的评估难以实现，而森林文化价值的相关变量本身难以度量，其数据收集处理都存在难度。

　　（3）GIS 估值法是享乐价格法衍生而来，它纳入了 GIS 技术，形成数据库，通过计算机模型进行估值。其评估步骤为：①对资源的直接利用价值界定；②对研究区域的识别；③建立相关数据库收集相关评估数据和图像；④利用 GIS 技术进行价值计算与可视化表达。国外很多学者使用相关模型结合 3S 技术从景观尺度来评估其生态系统潜在的产品及服务（Burkhard，2009、2012）。在国内李焕承（2010）利用 GIS 技术对区域生态系统服务价值进行评估，其中对森林的游憩文化价值进行了评估；张娇（2016）通过 GIS 技术对影响森林旅游开发的多个因子进行可视化分析对森林旅游开发进行评价。

　　目前该方法的优势在于运用可视化的空间表达实现评估，但是其运用主要集中在游憩、景观等方面，对历史价值、宗教艺术价值等抽象价值的评估尚存在难度。

二 假想市场法

假想市场法是通过直接调查得出人们的支付意愿（Willingness to Pay，WTP）或接受赔偿的意愿（Willingness to Accept，WTA）。代表性的方法有条件价值评估法（Contingent Valuation Method，CVM）和实验市场法。

条件价值评估法（CVM）和前文所述方法的主要区别在于直接通过询问调查对象来得出评价估值，尤其对非使用价值的评估时，已经成为当前世界上较为流行的方法。据统计，数以千计的 CVM 方面的研究已在 130 多个国家中应用展开，涉及环境、文化等各个领域。该方法最早由 Davis 在 1963 年对美国缅因州的滨海森林娱乐价值进行评估时提出，后经 Hanemann（1984）引入补偿剩余等经济学概念，从而奠定了 CVM 的经济学基础。该方法的最基本假设是调查者有着明确的偏好，并会如实反馈自己乐于为这一偏好付出的价格。该方法的评价基本步骤为：①选取调查对象；②设计调查问卷；③采用走访、网络、电话等方式对问卷进行调查；④对调查结果进行平均，估计支付意愿或接受赔偿意愿，确认调查结果的精度；⑤形成估算函数，可以用人口特征、经济情况、学历、年龄等因素作为解释变量，以 WTA 或 WTC 作为因变量进行回归分析形成估计函数，并用结果来验证可信度；⑥计算总意愿值并进行敏感度分析。在我国 CVM 的研究与应用始于 20 世纪末，王迪海（1998）使用条件价值法评价了森林在美化环境、疗养游憩等方面的社会效益。自此该方法在森林文化价值及相关领域应用日益增多，例如，曹辉等（2003）采用条件评估法对森林景观资源进行价值估量，张颖（2004）采用该方法对森林社会效益进行评估，朱霖（2015）采用该方法对森林文化价值进行评估，潘静（2017）综合运用 Logistic 回归模型和条件价值评估法对甘肃省迭部县的森林文化价值保护意愿进行核算。

该方法局限性在于支付意愿和接受赔偿意愿往往不一致，而且由于问卷设计及调查方法的影响可能存在信息偏差、起点偏差、策略性偏差、假想偏差等多种偏差，要求在设计问卷和调查时要进行修正。同时需要被调查者能够准确地表达自己的支付意愿，但这一点一直存在争议。

条件价值评估法最大的质疑来自其假设中人在陈述偏好时并没有相关的货币利益，为了解决这一问题选择试验法通过构建一个以往并不存在的市场，对参与试验的对象通过对备选答案的选择来显示偏好。其基本步骤包括：①确定评价对象基本属性；②设计问卷；③选择试验样本；④进行试验调查；⑤处理数据；⑥分析结果（樊辉，2013）。该方法最早由 Adamowicz（1994）将其应用于非使用价值的评估后，被国内外很多学者接受并运用于森林非物质效益的评估上。Horne，P.（2005）通过选择实验法对游客的偏好进行研究，得出游客更喜欢森林的景观价值及生物多样性的结论，Christie 等（2007）以这一方法为基础对森林福利价值进行评估。国内选择实验法的研究虽然起步较晚，但已经有不少学者将其运用到森林文化价值一些内容的评价上来，例如，吕欢欢（2013）采用选择实验法测算沈阳国家森林公园的游憩价值，赵正（2017）基于选择试验法对北京市民对城市林业的支付意愿进行了研究。

三　市场价值法

市场价值法是从直接受到影响的物品的市场信息中获得人们支付意愿和接受赔偿的意愿，主要包括生产率变动法、疾病成本法和人力资本法以及机会成本法。

（1）生产效率变动法是主要通过评价对象对生产效率的影响来实现价值评估。在森林文化价值评估中，主要是将森林文化资源作为一种和资本、劳动力等一样的生产要素，通过该要素的变化对生产成本、利润的影响来计算货币收益或者损失。例如，对森林生态系统服务功能引起的农产品增产净价值增如以及其他方面生产效率提高计量或成本的节约。其计算步骤为：①估计森林文化资源变化可能会造成的影响程度和范围；②估算对产出或成本的影响；③估算其影响的市场价值。李坦（2013）将森林社会收益作为有价资产来对待，采用生产效率法对科研、就业、健康、社会发展四个指标来对社会收益进行评估。

（2）疾病成本法和人力资本法是估算环境变化对人类健康和劳动力数量和质量影响的方法，用于森林文化价值评估主要是森林对人类健康影响，比如，森林可以吸收有毒气体、净化环境，增进身体健康，从而减少市场价格损失。此类方法多用于森林文化价值中康养价值评估，岳上植（2008）从森林有减少因某种疾病而死亡的人数和减少误工与医药费的健康效益两个方面来评估森林在促进人体健康的效益的方法。

（3）机会成本法是指将资源用于某一用途而放弃的用于其他用途的最高收益，往往用于没有明确价格的情况下，将其用于其他用途的收入来估算其价值。例如，森林设为保护区，不是直接用保护其存在的价值进行衡量，而是以比如木材价值或者其他用途的收益来测算。

以上方法的主要局限在于不能实现对森林文化价值所有价值要素的覆盖，同时需要对诸如环境对健康的影响等变化的准确认知，使转换存在一定技术难度。

第二节　指数尺度的评估方法

一　描述因子法

描述因子法主要是根据景观特性将景观分解为多个因子分别进行评价，最终综合为整体评估。虽然这种方法在操作的过程中存在一定难度，但这种评价方法最大的优点是可以对大尺度的景观做出评价。美国将该方法作为官方评价方法，将风景要素进行细分并对每个因素划定分域，对景区进行评定汇总得分。国内倪淑萍等（1996）对普陀山风景区的森林景观、杨学军（1999）对上海东平国家森林公园风景林进行美学评价，是较早使用该方法的学者，钱奇霞（2011）利用该方法对瑞安福泉山森林公园进行了风景景观的评价，并根据评价结果提出规划方案，李艳（2011）针对描述因子的缺陷，将描述因子法和因子叠加法结合起来对九峰城市森林保护区的景观进行评价。

该方法主要用于森林美学价值的评估，对森林文化价值评估的借鉴性在于可以对森林文化价值进行分解细分，按要素进行评价，而其评价结果具有普遍的可比较性，但是比较依赖主观评价，需要对各要

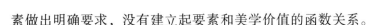

素做出明确要求，没有建立起要素和美学价值的函数关系。

二 心理物理学方法

该方法在森林文化价值评估的运用主要集中在森林美学价值的评估，目前已经成为主要森林景观评价较为可靠的方法（Zube, E. H., 1982）。其评价步骤为：①通过问卷等形式确定调查对象的审美态度，即确定美景度；②对森林景观进行要素分解；③建立审美要素关系模型。该方法中最具代表性的方法为 SBE（Smad Binding Element）法（翟明普，2003），是由 Daniel 和 Boster 在 1976 年提出的，将景观特征和评价者的审美尺度结合，实现了数字模型评价，被广泛应用于实践。例如，杨鑫霞（2012）采用该方法以郁闭度、通视性等 13 个景观指标因素建立起评价模型，对长白山森林景观进行了评价，李羽佳（2014）综合使用 AHP、GIS 及 SBE 三种方法对火山口国家森林公园的美学价值进行评估，吕昂（2017）对湖南植物园进行了景观评价。

该方法被广泛运用于森林美学价值的评估，其主要优势是根据大众的选择通过数学建模的方式来实现评价，但其局限性在于必须建立在森林美学各因子的正确认识的基础上，由于技术和认识上的不足，有可能导致因子不能准确反映其价值量。

三 层次分析法

层次分析法（Analytical Hieracy Process，A H P）是 Saaty 在 1970 年左右提出的，主要是通过建立层次结构，构造判断矩阵，对目标进行分解，通过计算对各项指标进行排序，由于简易实用，自提出以后被广泛应用于定性研究。近年来有很多学者将该方法用于森林文化价值评价或者利用该方法确定相关评价指标体系的权重确定，例如，刘芹英（2016）运用层次分析法以福建梁野山国家级自然保护区为例对自然保护区的文化价值进行评价。该方法需要对森林文化价值的特征准确界定，主要运用于定性评价或指标权重确定，虽然已经被广泛应用于各个领域，但是不能实现对森林文化价值的量化评价。

四 模糊综合评价法

模糊综合评价法主要针对多种属性的事物评价，通过建立相关模型实现对评价对象的优劣评价。其基本步骤为：①建立指标体系；

②确定指标权重；③建立隶属度集合；④进行综合计算。在国内森林文化价值等评估中被广泛运用，例如，吕勇（2009）用模糊数学理论对湖南省的森林文化发展水平进行评价；宋军卫（2012）运用该方法对北京植物园的文化功能进行评价，计算总得分为 69.74；王碧云（2017）运用 AHP 对森林文化价值评估指标的权重进行确定，并利用该方法对福州国家森林公园的文化价值进行了评价。该方法主要是依赖于指标体系和隶属度标准的准确性，指标因子的正确与否及是否有可靠的标准会对评价结果有较大的影响。

五　因子分析法

因子分析法主要是通过正交变换对多个变量进行降维，使原来复杂的变量简单化也更精准。其运用主要在于确定指标和指标权重，多与其他方法综合运用。其具体步骤为：①建立原始数据的矩阵并转换为标准化矩阵；②计算相关系数；③通过方差计算贡献率；④计算指标因子载荷量；⑤确定主因子。例如，Bryce（2016）在对海洋生态系统文化服务价值的评估中通过主因子法将原有的 15 个指标变为参与和自然互动、地方认同、治疗价值等 6 个主要指标；邓荣根（2012）运用成分分析、因子分析及项目分析的方法提取森林声景观的两个主要因子对游客的喜好进行分析；王帅（2015）综合运用 SD 法和因子分析法，从 16 个因子提取了 4 个主因子作为景观评价的主要因素对案例地进行了景观评价。这一方法往往需要和其他方法一起使用，在森林文化价值评估中往往用于评价因子选取上，不能独立地实现对森林文化价值的评估。

六　人工神经网络

人工神经网络是模仿神经细胞结构而建立起的数学模型，将一个个简单的信息点连接起来形成网络拓扑图，输入相关数据，通过各个神经元传递进行信息处理，从而获得相关评价结果，可以通过建立相关评价指标作为数据点，构建森林文化价值 BP 网络评价模型进行评价，该方法已在森林美学评价上进行运用（黄广远，2012）。

此外，还有粗糙理论集（文益君，2009）、灰色理论（景志慧，2014）等方法都是通过具体的指标体系来进行评估的，其主要缺陷在于是否可以建立起一套被广泛认可的指标体系会对评价结果有很大的影响，而指标体系的选取和使用往往存在很大的主观性。

第三节 两种价值尺度的评述和小结

当前货币尺度下的森林文化价值衡量，主要是借助于环境经济学已有的价值评估法，实现对森林文化价值的定量评价，但以价格为基础的货币衡量是否可以准确反映人的精神效用一直存在争议。由于森林作为一种公共物品，外部性及"免费乘车者"心理等市场失灵情况的普遍存在，使价格评估本身就存在困难。具体而言，就目前广泛使用的三种货币评估方法中，市场价值法往往对使用价值更具有效性，而森林文化价值中非使用价值占了很大比例，同时即便是使用价值评估中也存在物理产出难以准确估量的问题；替代市场的方法则需要准确地找到替代品，其替代品的选择会很大程度影响评估结果，然而森林文化价值主观效用的替代存在难度，需要获取大量的数据，即便如此也极易产生偏差；假想市场法由于信息不对称、被调查者是否能准确反映自己的意愿等问题导致调查结果与真实价值的偏离，其信度变化幅度较大。同时由于森林文化价值由多种价值构成，每种价值各有特点，现有货币化衡量方法难以全面覆盖，往往需要将多种方法进行综合运用，分类进行计算，例如，采用旅行费用法对游憩价值进行评估，GIS法对美学价值进行评估，疾病及人力成本法对康养价值进行评估，但森林文化价值作为一种综合体验，各类价值的简单相加不能准确反映其价值量，同时各种价值彼此间有着密切的联系，简单分割可能会导致价值的重叠和累加，所以采用货币化手段的衡量尺度存在很大难度。

指数化尺度下对森林文化价值进行非货币化衡量，主要通过指标体系的方式进行定性或定量评价，其中多用AHP、因子分析法等来确定指标权重，综合运用模糊评价法等方法对森林文化价值进行打分，从而进行评价。而以指标体系为基础的非货币衡量，一方面存在指标体系是否全面覆盖和反映森林文化价值的问题，另一方面定性化的评价或者以综合打分的评价方式对森林文化价值量的区分度不明显，不利于对不同区域和类型森林的文化价值比较。

由于森林文化价值性质的特殊性使货币化尺度和指数化尺度的评价都存在一定缺陷，这要求我们在借鉴以上方法的基础上，根据森林文化价值非物质化的特点采用更适合的价值尺度来衡量，从而避免以往评价中存在的缺陷。

第五章

一种新的评估尺度：森林文化币

第一节　经济学价值尺度在文化价值衡量中存在缺陷

在经济学中的价值有着不同定义，亚当·斯密认为商品具有通过自身性质满足人类需要的使用价值和人们为了效用最大化选择一种商品而放弃其他商品的交换价值。随后斯密和其他经济学家提出了以生产成本的价值理论，一种物品的价值由生产该物品所使用的投入品的成本决定，并提出了自然价值的概念，认为价格是围绕这一价值进行波动的，在当下经济学一般表述为长期均衡价格。到了19世纪末，边沁等的边际革命兴起，基于个人效用的经济行为模型取代了基于生产价值成本为基础的价值理论，将个人及偏好视为交换过程和市场行为的基本原子，其中效用是指商品给人带来的快感、好处或幸福感。他们根据消费者对于那些能够满足其需要的商品的偏好模式来解释交换价值。价格在这一体系中起着重要的作用，因此对很多当代经济学家而言，价格理论其实就是价值理论，但是很多人对此持批评观点，认为市场价格不过是商品潜在价值的一种不完美的表现形式，因为有很多因素会扭曲价格，如不完全竞争市场、不完全信息、公共物品等。所以价格充其量是价值的一个指标，但是不是价值的直接度量尺度，其本身便存在一定缺陷（思罗斯比，2011），尤其森林文化价值带有明显公共物品性质及外部效应，以价格形式来衡量可能无法真正反映出其实际价值。

即便我们不考虑价格理论在价值评估中广受争议的缺陷，因为森林文化价值一些特殊性使其在文化价值评估中也存在一些困难。一是森林文化价值具有一定客观性，一旦形成其对人的服务几乎是无差别的，虽然人的感受会因为个体不同而存在差异，但无论人们是否乐于支付一定货币或者放弃对其他商品的消费，那么他都可以从森林中获得愉悦感，不会因为是否付费或者付出多少而有所改变。二是森林文化价值作为一种体验价值，其对人的满足具有多层次性，存在信息不完全的现象，人们可能无法全面了解文化物品包含的所有文化价值，从而无法形成准确的支付意愿，或者说乐于支付的价格可能并没有真正反映出森林的文化价值。三是人们对森林文化价值的感受不仅仅源自于自身的感受，也和他人的交流有关，因为森林文化价值的一项重要功能是为人提供社交平台，单独个人与森林互动中获得价值和与群体一起及和不同的人在森林中感受到价值可能都会存在差异，从而形成支付意愿都会发生改变。尽管在环境经济学中人们已经对各种非物质化的需求做出了卓有成效的研究，例如，在非使用价值中被广泛使用的 CVM 方法，虽然可以通过各种修正尽量消除"免费乘车者"的影响，但是依然无法完全解决上述问题，尤其人们自身感受时刻都可能在变化，这更增加货币化评估的难度。所以正如戴维在《经济学与文化》中提到对价值的解释可以以偏好来解释，但必须将经济价值与文化价值作为不同概念分开考虑，如果文化价值可以度量的话，那么度量也只能按照无法以货币尺度衡量的或者无法转换为货币尺度的方式进行，因为人们对文化价值排序标准可能与其价格排序存在差异。所以我们提出了森林文化币的概念，以新的价值尺度重新构建森林文化价值评价体系。

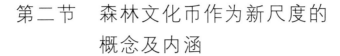

第二节 森林文化币作为新尺度的 概念及内涵

一 森林文化币概念

在前面章节的讨论中我们可以看出森林的文化价值是森林以特有的性质为人提供非物质化的服务，在这个服务过程中人通过生理和心理上的复杂变化，结合以往的认知和经验能够获得精神上的满足。森林的文化价值评估所评价的是森林与人互动中通过具体的文化行为获得效用以及评估森林对人的服务能力或者满足人的需求的能力。森林文化币的提出就是对这种效用和能力的评价，可以将其定义为基于人与森林的长期互动中达成的对森林文化价值的共识，提出的充当森林文化价值标准和记账单位的工具。它的产生是人在森林客观文化价值基础上产生的对森林文化价值的主观估值。这种估值有别于经济估值是文化尺度内的，是衡量森林给人带来的主观效用。其中客观文化价值是指客观存在于森林当中由人主观物化而形成的森林人格化的部分，它包括森林美学价值、历史文化价值、康养价值等这些不以人类意志为转移的价值，而主观估值是人们因为森林给人带来的愉悦感从而产生的认同。森林文化价值是历史价值不断积累而成，它是人们在与森林长期共生过程中，群体内逐渐形成对森林文化价值的共同认知。所以森林文化价值量是由人们当前的感受和客观文化价值中已固化的价值量共同决定的，它体现了当前和以往人们在森林中可以获得的非物质化感受的总效用，而森林文化币正是对这种效用的价值尺度和计量单位，其主要功能是作为衡量工具，为不同森林的文化价值比较提供标准。

二 时间作为价值尺度的有效性

时间是世界的基本组成要素，任何物质都是在时空范畴下运行产生的。马克思政治经济学中将价值定义为凝结在商品中的劳动，其价值尺度是必要的社会劳动时间，认为时间和价值紧密地连接在一起，商品的价值量是由投入劳动时间长度决定的，这为不同使用价值的商品提供了共同衡量尺度，同时提出了自由时间概念，认为劳动是为自由时间而做出的牺牲。在西方经济学理论中认为边际效用是价值产生的基础，由于时间的客观性，对所有人而言其时间的物理总量是一样的，在这一条件约束下，人的整体最优效用是在工作时间和闲暇时间寻求总体最优的时间使用，其使用原则是获得收入的边际效用和闲暇时间使用带来的边际效用相同。这要求人们将时间进行分割，然后在劳动时间、闲暇时间等时间使用中寻求最优选择（邵文武，2013）。同样在闲暇时间的使用上也遵守着相同的原则，即人们会选择将时间消费在能带来最高效用的闲暇使用上，确保每一单位时间使用的边际效用相同，所以人们投入的时间越多便意味着该事项给他带来的效用越大，对他而言价值也就越大。同时时间作为一种物质基本要素，具有客观性和普遍性的特征，人和其他事物的关系都会存在明显的时间关联，这种关系重要程度和时间投入长度有着深刻联系，而森林文化价值产生首先体现在人与森林在同一时空下的互动，互动的时间则是人们需求最优化的选择，这种选择可以无须通过交换或替代来和货币发生联系，具有更直接性和准确性，所以时间作为价值尺度将更具合理性。

三　森林文化币的单位量

森林文化价值的评估难点在于它所展现的价值来自人的主观感受。而人的主观感受是一个复杂的心理过程，从信息输入到输出是一个"黑箱"过程，缺乏有效测量的工具和手段。但是这种价值输出有一个表象化结果，那就是人们根据自己的偏好乐于将时间消费在能够给自己带来更高精神效用的地方。正如在传统经济学里消费者将货币作为"选票"购买对自己效用最大的商品，从而实现货币的价值尺度功能，用货币数量体现商品的价值量。森林文化价值也有类似的选择，人们通过"用脚投票"的方式，以时间作为"选票"投向能够给自己带来最大精神效用的森林，而当社会群体做出了共同的选择，便会在"投票"过程中达成一种社会共识，体现出森林的文化价值量。森林文化价值的大小便可以通过人们对时间的消费来体现，当森林给人带来的效用越大，人们便会越乐于待在那里，停留时间就会越长。所以森林文化币的单位应当与时间相关联，同时森林文化价值的一个重要因素是森林文化行为必须在森林空间中发生从而给人带来积极影响，但森林的面积各有不同，如果仅仅以时间作为衡量标准，那么面积大小就会成为一个重要影响因素，例如，一个文化价值量大但是面积小的森林的游览时间可能和文化价值量较低但是面积很大的森林的游览时间可能相同。所以我们在这里将森林文化币的单位量规定为人们在消费的时间和游览面积的比值，将单位森林文化币的量规定为：

1 森林文化币 = 1 分钟/公顷

即森林文化价值量大小可以通过人们乐于且能够在单位面积（1公顷）上消费的时间（分钟）来体现，其中乐于消费的时间体现的是人的主观意愿，而能够消费的时间则体现的是客观限制因素，只有实际发生的消费时间才能体现出文化价值。

四 森林文化币的优势

（1）直观性。森林文化币单位量是由时间和空间构成的，而时间和空间作为世界的基本组成要素几乎在所有物质上得以体现，以往货币化评估中由于主观效用难以度量，往往需要进行替代转换，在这一过程中可能会导致价值偏差，但森林文化币却可以直接用人们单位空间上停留时间来表达，不需要再经过转换，能够更直接地反映人们对森林文化价值的反应。

（2）客观性。森林文化价值有着很强的主观性，CVM 等方法以调查人们支付意愿或者指数化打分的方式难免受到主观因素干扰，但以时间作为主要度量，抛却了人们复杂的主观感受过程，直接采用时间物理刻度来反映感受的输出结果，更具客观性。

（3）易操作性。对人们停留时间计量相对以往核算方法，免去了大量数据收集的过程，降低了资金和人力的耗费，使用起来更加容易。

第三节 森林文化币和货币的异同

一 货币的产生发展和主要功能

货币起源于交换的需要，马克思从商品和商品交换进行分析，指出在原始社会并不需要货币，直到社会分工和私有制的出现，使商品交换成为必需，而货币便是被选择成为一般等价物的商品，在马克思货币理论中将货币的功能分为支付手段、流通手段、价值尺度、贮藏手段和世界货币。在西方经济学中从不同的角度出发对货币的定义不尽相同，但一般会强调货币是在交换中被普遍接受的媒介，无论是哪种定义，我们都可以看出货币的存在首先需要大众的普遍认可和接受，其次它可以作为交换的中介。在功能方面，西方经济学中认为货币是一种资产，是财富的象征，具有"选票"作用，通过消费者"选票"的使用决定生产什么东西，从而形成"一只看不见的手"对整个市场经济进行调节，后来的货币主义更是强调通过货币数量的调控来实现对经济的干预。货币存在的形式也从贝壳向贵金属、纸币、电子货币的方向不断演进，当前以比特币为代表的去中心化的虚拟货币也越发引起人们的关注。

二 森林文化币和货币的区别

（1）领域不同。森林文化币衡量的是森林文化价值，仅仅局限于森林文化价值领域，作为一种价值概念符号被运用。货币却应用于人类社会的方方面面，几乎所有领域都需要涉及，相比而言森林文化币仅是因森林文化价值衡量的特殊性借用货币某些相似属性而提出的概念。

（2）功能不同。森林文化币主要作为价值尺度，对森林的文化价值进行衡量。而价值尺度只是货币的一个功能，还具有交换功能、世界货币、储藏功能和支付功能，并由功能衍生出信用等用途，当前各国会通过利率、准备金率等手段调整货币流通数量来对经济进行调控，货币的功能相对森林文化币而言要更加丰富，影响更加深远。

（3）形式不同。森林文化币只是一种符号，不需要实物，目前的货币则是由国家发行的，具有法律效力，以实物形式存在，虽然也有电子货币等虚拟形式存在，但基本都有实物相对应，或者可以转换为实物货币。

三　森林文化币和货币的共同之处

（1）社会认可。货币作为一种通货，其产生是社会公众价值达成共识，只有社会公众一致同意，某种物品才能成为一般等价物，具有货币的功能。森林文化币也是如此，只有人们普遍认同的价值量才能成为一种价值尺度，而不是仅仅依靠某一个人的判断，正如人类学家将不同的文化体视为一幅因处于同一文化内的个体达成共识而组成的地图。森林本身对人类个体并不存在任何的特殊意义，只有社会中的个体与其发生反应才会赋予其特殊价值，而当不同个体对其的反应被其他个体分享并且将这一认知延续下去，那么他们便共同对森林赋予了意义，森林文化币的价值量正是这种群体不断博弈认同修正后而形成的共识。

（2）价值尺度的功能。货币的最基本功能便是价值尺度，是用于衡量和表现其他商品的价值，其具体外在表现形式是价格。而森林文化币的主要功能设定便是价值尺度，但主要是用于森林文化价值量的文化尺度内的"价格"体现。

（3）估值逻辑相同。无论是当今的纸币还是之前的黄金，其价值的存在根源是人们对其主观估值的认同，而这种估值不是凭空而来，是历史价值的积累，是以其客观价值为基础的（路德维希，2015）。森林文化币所衡量的价值也是建立在森林的基础上人们对其价值量的主观评价，客观存在文化价值中包含着从历史上延续而来的连续因素，在过去的价值的基础上不断吸收新的森林文化价值并转化为现在的森林文化价值。

第四节　森林文化币产生的动力机制

森林文化币产生的机制类似于动力系统机制，我们可以将其分为人的需求子系统、森林文化价值资源子系统、政府子系统和森林经营者子系统（见图5－1）。它们分别是森林文化币产生的需求动力系统、引力系统、支持系统和中介系统。

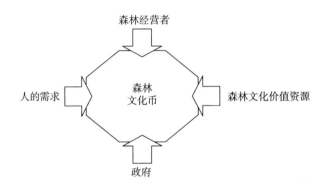

图5－1　森林文化币动力机制模型

一　森林文化币的需求动力系统

（一）森林文化价值需求动力分析

人对森林文化价值的需求是森林文化币产生的主要动力系统。关于需求，马斯洛认为人主要有生理需要、安全需要、社交需要、受尊重的需要、自我实现的需要五个层次的需求。而在这五个层次中生理需要、安全需要和社交需要主要是通过外部因素满足，属于较为低级的需要，而受尊重和自我实现的需求，属于高级需求，主要需要人内心的满足来实现。而随着社会的发展，人们的需求层次也在不断提升，不再局限于基本的生理需要，更多地追求精神的满足，以关注自我、寻求自我发展为目的，以文化精神体验为特征的休闲方式日渐成为潮流。人们不仅追求森林给人带来的生理愉悦，也日益关注森林通过提供洞见、启迪智慧、拓展社交等产生的精神愉悦感，尤其是随着大众文化素养的提升，以往获得的森林文化形象也推动着人们前往森林，将脑海中形象和实地形象相结合形成新的文化体验，而这种"学习效应"会增强人们的愉悦感，形成正强化，使人们产生更多森林文化价值需求。正如前文所述，森林的文化价值可以提供多重体验，满足人的生理、情感等从低级到高级的不同层次需求。不仅能够给人带来生理的愉悦感，还会深刻影响人的心理，让人重新认识自然，热爱自然，在与自然的和谐共生中满足人的精神需求，在和森林的灵魂对话中获得自我的新认识，在人与森林的互动中获得自我价值的实现。

在旅游动机研究中推拉理论也有类似的表述，该理论最早是由丹恩将驱力理论应用到旅游研究中提出的。其中，推力的因素是指由于个体为了缓解内心的紧张或者不适而产生的出游欲望，是人主动去自然感受森林文化价值的内在驱动力，这种内在需求包括逃离现有的环境、实现自我、追求新奇、放松心情、促进社交、融洽亲情、不同的文化体验、增长见识等方面（Zhang Qiu，1999；K. I. M. S.，2000；张颖，2009）。这一理论同样可以解释森林文化价值的需求理论，当前都市的紧张生活，让人焦虑，产生不适感，有着强烈的出行欲望。而森林文化价值可以通过美学欣赏、旅游休闲等多种方式让人远离现有的环境，在与森林的互动中放松身心、增长见识、拓展社交等来满足人的内在需求，给人带来愉悦感。

根据管理心理学中的"需要—动机—行为"模式，当人们产生内在需要便有可能转化为行动的动机，在一定条件的刺激下便会产生行为结果。人们之所以会不断前往森林来寻求价值满足，是因为森林文化价值能够通过生理刺激、心理刺激让人们的需求得到满足，而当外在刺激消失时，人们又会回归到原来的心理状态，需要不断获得新的刺激，这样就形成了森林文化价值需求持续动力，也就是森林文化币产生的持续动力。

同时快速发展的经济和闲暇时间的增加，也从客观条件下刺激人们对森林文化价值的需求。快速发展的经济给人提供了必要的物质基础，随着人们可支配收入的增加，人们可以将更多的收入投入到休闲和精神需求上，而闲暇时间是人们进行文化价值消费的重要客观条件。闲暇时间长短决定了人们对森林文化价值需求实现的物理时空要求，周末等短时间的闲暇只能将范围局限于城市周边，较长的带薪休假和公共休假，人们才有选择较远森林的自由，而城市居民各类公休假日和带薪假期的闲暇时间可达三分之一，这些条件为森林文化价值需求转化为行为提供了可能性。

（二）森林文化币需求动力系统运行机制分析

森林文化币的需求动力系统并不会一直引发森林文化币的增加，也有可能在森林文化价值感知过程中由于各种原因导致对森林文化资源造成损失或者超载，影响文化价值的感受质量，导致森林文化币的耗损。这种对森林文化币的影响机制主要有以下两种，见图 5 - 2。

（1）森林文化价值需求—森林文化价值感知行为—森林文化币的数量上升—满足人的需求—重游并吸引潜在游客—产生新的森林文化价值感知行为—森林文化币增加。

（2）森林文化价值需求—森林文化价值感知行为—森林文化币的数量上升—超载—满意度下降—需求下降—森林文化币下降。

第一条回路是森林文化币需求动力体系的正反馈，即人们对森林文化价值的需求促进森林文化价值良性循环，最终增加森林文化币的数量。具体而言，是指人们在森林文化价值需求的指引下，走进森林感受森林文化价值满足自己的内心需要，增加人与森林的互动时间，使森林文化币总量上升。在此期间人们的内心紧张和不安在森林中被缓解，通过感受森林美景、进行休闲游憩、和家人朋友互动等活动，使森林文化价值的感受主体的生理和心理都获得满足，甚至会激发人的灵感，产生新的森林文化价值因子。同时这种美好体验会产生良好的口碑效应，通过家人、朋友、网络等渠道的传播，获得美誉度和知名度，使更多人来此感受。不仅增加了重游率，也引入了潜在的森林文化币消费者，再次增加森林文化币量，产生良性的循环。

第二条回路是森林文化币需求动力体系的负反馈，即人们对森林文化价值的需求对森林文化价值造成损伤，最终没有增加甚至减少了森林文化币的数量。负反馈和正反馈的主要分界点在当森林文化价值感知主体量超过一定限度，形成森林文化资源的超载状态，无法得到有效修复，甚至导致森林文化资源永久性伤害。森林文化资源质量的下降不仅会导致客流量的减少，也会导致森林文化资本存量的直接减少，而这种损失甚至是不可逆的。当感知主体的密度超过心理承受范围，在森林中不再感受到愉悦感，而产生焦虑、烦躁的情绪，就会导致流量的减少，而同样的信息扩散也会影响潜在的森林文化币消费者的加入，人们开始寻找替代森林，从而导致森林文化价值消费量的减少，森林文化币总量下降。

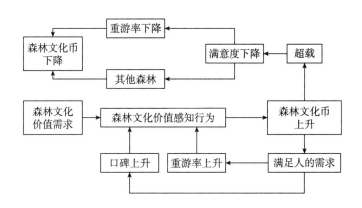

图 5 - 2　森林文化币需求动力系统

二　森林文化币的引力系统

森林文化价值资源子系统是森林文化币产生的引力系统，上文中提到推拉理论也同样适用于此，该理论中认为拉力的因素在此是指森林由于自身的特有属性及人们对目的地的外在的认知，影响森林文化价值消费者做出行为决定的外在影响因素。之前的学者的研究中提出对人们拉力主要因素包括优美的环境、丰富的历史文化资源、令人愉悦的休闲娱乐活动、良好的社交机会、户外自然的体验等（Rittichainuwat，B.，2012）。

在前文分析中我们提到，森林具有丰富的美学价值、历史价值、康养价值、科教价值、休闲游憩价值及宗教艺术价值等文化价值资源。这些资源作为森林文化币产生的引力系统，是森林文化币能够产生的物质基础，森林文化价值越大则对人的吸引力就越大，满足人的需求能力就越强，从而引致更多的游客量，使森林文化币的数量更多，引致更多的人关注传播森林文化价值。而大量的游客也提高了森林文化资源经营者的收入，从而更有动力维护和创造更多的森林文化价值，也有更多的资金投入到基础设施和森林文化价值传播和宣传上，使更多的人了解和参与进来。但是这种影响并不是只有正面的影响，正如图5-3所示，森林文化币引力系统也存在正负两方面的反馈机制，森林文化资源吸引了大量的森林文化币消费者前来，同时也给森林文化资源、基础设施、管理人员等多个方面带来了很大的压力，当森林文化币的消费者超过引力系统的承载力，就会对引力系统中各种资源造成伤害，正如需求动力系统中分析的，森林文化价值的消费者必然重新做出选择。

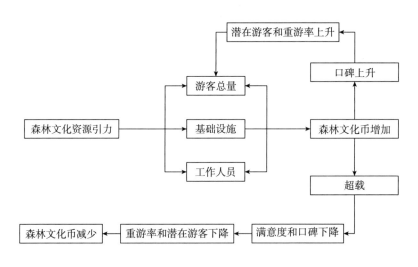

图5-3　森林文化币引力系统

三　森林文化币中介系统

森林文化价值经营者是森林文化币体系的中介系统。森林文化资源的经营者是指依托森林文化价值资源，通过提供各类服务和产品让人们感受森林文化价值的各类部门和企业。包括森林文化价值资源的直接管理者、森林文化价值的传播者（媒体、杂志、论坛等）、森林文化价值实现的中介（旅行社等部门），及道路交通等各类基础服务的提供者。这些经营者为森林文化价值的实现发挥着重要作用，为森林文化价值的需求方和森林文化价值的供给方搭建了桥梁，在森林文化价值需求动力系统和森林文化价值引力系统之间充当了中介的角色。而这些经营者很大一部分是以营利为目的的企业，为了吸引游客获得利润，他们会加大对森林文化价值资源、基础设施、服务（包括餐饮、娱乐等方面）及市场推广等的投入。随着森林文化价值消费者的增加，森林文化价值的经营者收入会增加，从而将更多资源用于森林文化资源的开发利用，从而使更多的森林文化价值产品和服务推向市场，吸引更多的森林文化价值消费者，使森林文化币数量和经营者的收入不断上升，从而激励经营者扩大投入力度。同样如果经营者管理不善，可能会使森林文化资源不能发挥其作用，各种基础设施和服务不能有效满足森林文化价值消费者的需求，消费者流失增加，企业的利润下降甚至亏损，投入降低或转入其他行业，森林文化资源的开发利用更加不足，消费者持续流失，形成一个恶性循环，致使森林文化币数量降低。

四　森林文化币的支持系统

政府是森林文化币系统的支持系统。森林文化价值产品带有明显的公共物品性质，尤其在我国森林是国家财产，国家的政策直接影响森林的使用用途，也直接关乎森林文化价值的发挥，只有政府介入其中，才能为森林文化价值供给提供必要的基础设施保障，协调森林文化价值管理等多方利益，从而实现森林文化价值最优化发挥。具体而言，政府主要从以下几个方面提供支持：

（1）政府直接参与开发建设，森林的公共物品属性，具有非排他性，如果政府不介入，可能导致森林的过度开发利用，而森林文化资源的开发利用，需要道路、交通、水、电等基础设施的投入，这些基础建设往往需要投入大量资金，但是回收期较长，这需要由政府总体协调，统一规划，从而解决外部的不经济性等市场失效问题。

（2）政府出台法律法规，对森林文化资源开发利用制定相关标准，厘清森林产权划分，规定森林土地用途，约束个人、企业等利益相关者的行为，为森林文化价值发挥提供法律支持和保障。

（3）政府的相关政策，森林文化资源转化为森林文化价值，形成森林文化币输出，是一个长期性、系统性的过程，从开发到推广及消费者接受仅仅依靠市场机制难以实现，需要政府提供统一规划和部署，从各层面提供政策支持，尤其关系到居民闲暇时间、经济收入、森林开发等方面的政策，对森林文化资源是否能够真正转化成森林文化币起着极其重要的作用。但是政府的介入对森林文化币的形成也不完全是正反馈，也存在政府行为失效的问题，也称为"政府失灵"，是指政府的决策不能有效提升经济效率，在公共物品的提供上存在浪费和滥用资源，不能有效满足个人的公共物品需求。而在森林文化币支持系统中这种失灵主要体现在政府为了短期利益，对森林文化资源的过度开发利用，使森林文化资源遭到破坏，或者更注重森林经济效益开发，造成森林被大量砍伐，林业用地被用作他途等，都会导致森林文化币数量的减少。

这四个子系统相辅相成，相互作用，共同构成森林文化币的形成动力系统，也正是四个系统的彼此影响，最终达到均衡，形成森林文化币的合理输出。

第五节　本章小结

本章是研究的核心章节之一，在经济学的价值衡量中，价格体系由于市场失灵等问题使其衡量本身存在缺陷。尤其由于森林文化价值非物质化等特点，森林对人的文化服务存在一定的非排他性，不会因人们支付与否来影响人的效用，而作为一种体验价值，森林文化价值多层次性，存在信息不对称的问题，使人不能完全感知森林文化价值，同时森林文化价值的感知还受到他人的影响，体验效果随着时间而变化，以调查意愿、替代市场等货币化衡量的方式存在困难。所以我们根据森林文化价值特点，提出了森林文化币的概念，将其定义为森林文化价值的衡量标准和工具。由于森林文化价值的感知是以森林空间为背景，虽然人们对其感知是一个复杂的过程，但是其表象结果可以通过时间的分配来显示偏好，即人们会将时间用于给自己带来更高效用的地方，所以本章将时间和空间作为基本要素建立起衡量森林文化价值的新尺度（森林文化币），将森林文化币的单位量规定为1分钟/公顷。这一新的尺度对森林文化价值的评估相对于价格形式的货币尺度，可以避免替代、转换等中间环节出现的偏差，更具直观性和客观性，在实际操作中也更加简单可行。同时对森林文化币的动力机制进行了说明，从需求动力系统、资源引力系统、经营中介系统及政府支持系统四个方面解释森林文化币的产生和影响因素，指出各个系统不仅从正面拉动森林文化币的增加，也可能由于超载等原因影响森林文化资源，导致森林文化币量的减少。通过本章的研究为后文使用森林文化币作为价值尺度评估森林文化价值提供理论铺垫和相关概念界定。

第六章

森林文化币核算模型

　　森林文化价值作为一个价值系统，是由森林美学价值、森林科教价值、森林康养价值、森林休闲游憩价值、森林历史价值、森林宗教艺术价值等诸多分支价值子系统构成，但它的价值并不是各子系统价值的简单相加，是各部分价值彼此联系、相互影响整体协同的结果。

　　在核算时，森林文化价值作为一个综合概念，是森林通过上述价值的共同发挥给人带来的整体体验，各个价值分量之间是彼此联系和影响的。如果将其简单拆分进行计算相加可能不能反映真正的森林文化价值，因此在计算森林文化价值量的时候，我们不仅要考虑各组成部分的价值，更应考虑到其形成的综合体验。为了更好地理解森林文化币的核算内容和提升计算准确性，我们引进一个森林文化资本的概念。

第一节　森林文化币核算内容

一　文化资本

　　早期古典经济学家把资本和土地、劳动作为生产的三大要素进行定义，更多强调资本的物质属性及资本产生的效益，而在马克思的政治经济学里将资本定义为一种社会关系，以追求"剩余价值"为目的不断实现自我增值和扩张，在货币资本、生产成本、商品资本中循环往复，在这个过程中体现了资本的剥削性质，资本家不断获得资本增值和对劳动者的剥削；布迪厄（1989）在以往资本论述的基础上首次将资本由经济领域引向了文化领域，在社会学的范畴里首次提出了文化资本的概念，他将资本分为经济资本、社会资本和文化资本，其中文化资本是文化资源的具体化，其本质是人类劳动成果的积累，是通过人的行为方式、教育素质等形式表现出来的。其存在主要有三种形态：以精神及知识构成等人所持有的具体状态；以书籍、工具等为载体，所体现的理论内容或显现的文化商品的客观状态；具体化的文化资本以学术资格等形式被承认的制度化状态。并认为文化资本可以"再生产"实现世代相传。这一理论的提出极具学术张力，被很多学科的学者引用，尤其是戴维·思罗斯比（David Throsby）（1999）为了将经济价值和文化价值进行区分，将文化资本这一概念引入文化经济学领域，将其定义为一种资产，除了可能拥有全部经济价值以外，还体现、储存并提供文化价值，是能够引发流量的文化价值积累。此外，国内外众多学者分别从社会学、经济学、人类发展学等方面对其进行了论述（Fikret Berkes，1992；Christopher Clague，2003；王云、龙志和，2013），但影响较大且被广泛认可的主要是布迪厄、思罗斯比的相关论述。虽然对文化资本的定义各有不同，无论侧重于文化还是资本的定性，都认为文化是一项重要的资源，能够引发商品和服务的流动，具有传统资本概念某些属性（曲如晓，2016）。

二 森林文化资本

综合布迪厄和思罗斯比等人的相关论述，在这里我们将森林文化资本定义为森林文化资源的具体化，是指能够产生、体现和存储文化价值的文化资源，是历史文化价值的积累。由于森林文化价值是和人具有强相关的概念，因此那些尚未与人发生联系的森林并不纳入森林文化资本这一范畴。正如自然资源一样，存在一个储量和存量的概念，储量是指已有的资源总量，但受制于开采技术和条件，资源并不能完全开采，其中能够开采利用的部分称为存量，而其存量价值取决于资源的质量和开采难度等条件。同理，森林文化资源储量包含森林中所有的文化资源，包括森林文化资本存量和待转化的森林文化价值量两部分，其关系如图 6 - 1 所示。待转化的森林文化价值量是指受制于各种条件（如区位交通等条件）尚未得到开发或者被人认知的部分。在区位交通等硬件条件不变的情况下，待转化的森林文化价值量转换为森林文化资本存量往往取决于人们对森林文化价值的需求程度，当人们对森林文化价值需求高涨时会促进森林文化价值资源的挖掘和利用。

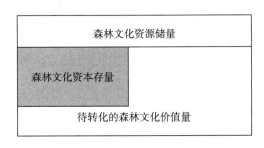

图 6 - 1　森林文化资源储量和森林文化资本存量关系

通过森林文化资本概念的提出可以将森林有形（森林景观、森林中遗址等）和无形（森林文艺作品、传说等）的文化资源解释为价值的永续存储手段，并为个人和社会持续提供服务，将对分散森林文化价值核算综合为对森林文化资本的核算。这一概念和传统资本及文化资本最大的不同在于它完全跳出了货币化的价值链条，试图借助于文化资本的概念名称和某些逻辑体系，以森林文化币为价值尺度来说明森林文化价值的产生和运动。

三　森林文化资本的存量和流量

正如其他资本一样，森林文化资本具有运动性，可以分为存量和流量两部分，但不同的是森林文化资本的存量和流量都是文化价值的积累和输出，是在文化价值范畴内进行讨论和计算，并不将经济范畴的影响考虑，同时森林文化资本存量和流量的概念也和其他资本不完全相同，更多是借助其逻辑关系，说明森林文化价值的核算内容。在此，森林文化资本的存量是指在给定的时间节点上存在的历史累积的森林文化价值量或者表述为具体化的森林文化资源数量，它是一个时间段内价值汇总量，包括有形资本和无形资本。有形资本包括森林中生物存量、文化遗址数量等以实物存在的资本；无形资本包括人们在森林产生的想法、形成的文艺作品及与森林相关的传统、信念等，例如，宗教教义、故事传说等。而森林文化价值正是在这些资本存量的基础上产生的，形成了流量价值输出。

流量价值主要指在一段时间内产生的价值量，森林文化资本的流量价值是在资本存量基础上产生的，通过客观存在森林文化资源给人带来愉悦体验，进而带来激发人的灵感、启迪智慧等效用。其特殊性在于在一定范围内具有非排他性，不会因一人感知而影响他人的感知，每个人在森林中都会获得相关的效用，不会因为别人感受的多少而发生改变，但其价值量的大小并不会无限供给，超过一定范围便不能持续供应，这是因为受森林空间等因素的影响，在一定时间内森林文化资源能够承载的人的活动总量是有限的，所以在森林文化币概念框架下便是在一定时间内蕴含在森林文化资源中能够提供的且被人们使用的时间量。

本书为了方便比较和核算，我们对森林文化价值的评估以 1 年作为时间跨度对森林文化资本的流量进行核算，其核算内容是指某一年度森林文化资本存量所引发的流量价值。

第二节　森林文化币概念模型

一　模型假设

（1）森林文化币量不是由独立个体决定的而是社会共识达成的，这种共识可以通过人们乐意耗费的平均时间来体现，即人们在森林中获得效用越高，那么他就更乐于将时间花费在森林里。

（2）与传统经济学理性人假设不同，这里采用幸福经济学的基本假设，即认为人具有两面性，既有自私利己理性人的一面也有无私利他的社会性（肖仲华，2012）。

（3）人在感受森林文化价值时，无论教育背景、社会地位、收入水平是否存在差异，都会从森林中获得愉悦，但获得的愉悦程度和需求强度存在差别。

（4）由于人们对森林文化价值感知能力的提升，人们对森林文化价值的需求在一定时间内会不断增强，即森林文化价值越大，人们越向往，甚至会因为对森林文化价值认知不断加深，会持续加大到森林的频次。

（5）人们对森林文化价值的感知有明确偏好，可以通过时间的选择消费来表达对森林文化价值的喜好程度。

二 森林文化币概念模型构建

如图 6-2 所示，对森林文化价值的估算可以转换为对森林文化资本的核算，通过森林文化币这一新的衡量尺度，其核算过程可以简化为对人在森林中单位空间上消耗的时间来衡量。但森林文化价值的多重属性可能对于普通游客而言不能完全体验，同时不同的区域特征可能会造成价值量的偏差，所以我们引进了森林文化力的概念，将更具专业知识和丰富经验的专家意见与游客感受及行业标准结合，通过

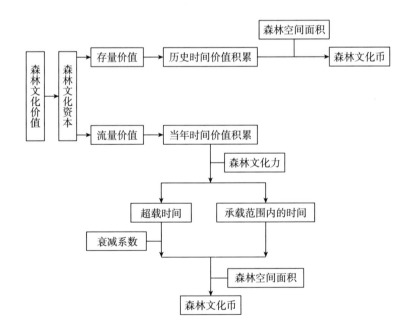

图 6-2 森林文化币概念模型

指数化计算对其修正。同时森林文化价值作为一种人与自然和谐共生的表述，其价值核算应当充分考虑到承载容量的问题，其超出部分一方面会对森林文化价值资源造成损害，另一方面也会影响人的主观感受，所以在实际计算中也要将这一因素纳入考量。

第三节 森林文化币流量简单模型

一 流量价值和时间深度

森林文化资本流量价值是由森林文化资本存量引发的对人主观需求的满足，其表象展现的是人们乐于在单位面积的森林区域上停留的总时间。一般而言，森林文化价值越大，给人带来的愉悦感就越强，人们就更乐于花费时间在那里。正如斯金纳在其操作性条件反射理论中提出，如果某一行为能给人带来使其快乐、满足和幸福的感觉，那么人们会倾向重复这一行为，即所谓的正强化（张晓明，2011）。马歇尔（1890）在《经济学原理》中也写道："一个人欣赏的美妙音乐越多，他对于美妙音乐的偏好就可能越强烈，因此边际效用递减规律要排除这些现象"，也就是说，人们对这种文化价值偏好，可能会随着接触次数的增加而增加，近年来这种思想已经发展成为理性上瘾理论（戴维，2011），即随着时间的变化，个体在自身效用最大化的过程中始终保持前后一致，甚至增加。在森林文化价值中，随着人们对森林文化价值欣赏能力的提升，从浅层次情绪反应到高层次的生态情感，从生理的愉悦到心理的依赖，人们在一定时间内会不断加大时间投入增加森林文化价值消费。

二 流量价值与时间频次

对流量价值的影响不仅指一次性的逗留时间，更和频次有关。在心理学里关于幸福感有一个享乐水车效应，该效应是指幸福感有一个长期的稳定水平，生活中短暂的波动会影响人的幸福，但是随着时间的推移，人的幸福感会回到平均水平上去（魏翔，2015）。在森林文化价值的感受中也存在这种问题，一次森林之旅，可以让人因精神的愉悦而感到幸福，但是这种效用随着他的离开就会日益平淡，只有再次来到森林甚至多次来到森林才能再次提升幸福水平。

在许多研究中已经证实森林的确存在这种功能，在生态学里对种群密度的调节提出了内源性自动调节理论，从行为、内分泌、遗传等角度提出一个物种种群密度有一个最佳生存密度，当这个密度过大时，种群内部就会产生分化，由内部调节机制来遏制种群的持续增长（孙儒泳，2002）。对已经成为食物链顶端的人类而言，这种影响依然存在，德斯蒙德（2002）在其《人类动物园》中指出，当今社会人们大量聚集在大城市，就如同拥挤在笼子里的动物，而超级群落里等级分化竞争烙印在人类的方方面面，即便是生活中不存在明显竞争，也会因为人口密度过大，缺乏相应的空间而表现出潜意识的压迫感，从而产生焦虑等不良情绪。而当人来到森林等开阔地区，因为空间密度的放大而产生舒适感，这种感觉会随着人们回到城市逐渐消失。

从进化论角度看，人们天生具有亲生命性，喜欢与花草树木为伴，并且根植于基因，从本能上推进人们向往自然（Kaplan, S., 1995）。而复杂的城市生活使人疲于应付，精神紧张，情绪易怒，使人想要逃离，而森林可以提供恢复性环境促进人的身心恢复，吸引人们前往。所以当森林的文化价值越大，那么就越有利于缓解人们的这种情绪，越会吸引人们不断来到森林。

同时人作为一种社会动物，不仅会追求自身的效用最大化，同时也会将自己的感受分享出去，从而影响周边的人群，形成一种潮流。这种互动分享，不仅会促进个人到森林的频次，也会推动群体性频次的增加，从而增加人在森林中的时间消费总量。

三 森林文化币流量简单模型的建立

结合森林文化币产生机制和流量价值与时间的关系，我们可以将森林文化币流量模型以式（6-1）表述：

$$F(t) = \frac{\sum_{i=1}^{i=n} p_i t_i}{A}, t = t(x_1, x_2, \cdots, x_n) \quad (6-1)$$

式中，$F(t)$ 为简单模型下的森林文化资本流量价值，p_i 为第 i 个游客，t_i 为第 i 个游客的停留时间，A 为森林面积，变量 x_j 代表影响人们停留时间的 n 个相关要素，包括个人主观需求、性别、年龄、教育背景、闲暇时间、收入情况、空间距离、交通便利性、目的地的吸引力、基础设施、周围人的影响、费用支出等要素。

第四节 森林文化币存量模型

路德维希（2015）在其《货币和信用理论》中提出货币的客观交换价值中包含从历史上连续，货币过去的价值被吸收转化到现在的价值。该理论同样适用于森林文化币的存量价值估量，前面我们提到的流量价值代表着人们的主观需求，而这种需求的满足是建立在存量价值的基础上。存量价值是一种客观价值，它的形成虽然不以现在人们的意志为转移，却是从历史中吸收转化而成，是过去人们创造的文化价值的积累。这些价值主要凝结在森林文化资源当中，以有形和无形的森林文化资本的形式存在，即便不再与人发生关联，其价值也客观存在。其价值量大小取决于其最初的价值量和后期流量转化，存量的增长可以分为有形资本的增长和无形资本的增长，对于有形资本的增长，主要是作为森林文化价值载体森林的年度生长量、新的基础设施的建设和增加等，无形资本包括历史年代的增加、新的文艺作品的产生、人的精神满足而产生良好口碑传播等。在森林文化币概念下，其存量价值是历史上人们消费时间的积累，这种价值是由最初人们开始利用森林满足精神需求开始。但我们应当注意到森林文化资本的流量并不会完全转换为存量，例如，如果是森林被砍伐、文化遗迹被损坏等方面的损失，那么存量价值是降低，其转化率应当是负的。所以森林文化币存量模型可以用式（6-2）表示：

$$G(t) = G_1 + \sum_{i=1}^{i=n} a_{i-1} F_{i-1}(t) \qquad (6-2)$$

式中，$G(t)$ 为森林文化资本的存量价值，G_1 为初始的森林文化资本存量价值，$F_{i-1}(t)$ 为前一年的流量的价值，a_{i-1} 为前一年的流量价值转换为存量价值的转化率。

第五节　森林文化力条件下的拓展模型

正如前文所述，森林文化价值具有多层次性，由于信息的不完全，使普通人难以完全体验森林文化价值，需要更专业的知识和经验才能更全面地评价森林文化价值。另外，由于森林文化资源的类型、级别及存在区域等都有着显著的不同，给人带来的效用也不尽相同，在同样的时间内高质量更易获得的森林文化资源无疑给人带来的效用更高。在很多情况下，受限于森林公园等场所的营业时间等条件的限制，人们的时间消费存在剩余情况，人们虽然想继续消费时间，但客观条件限制了这种消费的继续，所以存在两个森林文化资源质量存在差异的前提下，获得的时间消费总量相近的问题。为了更准确反映文化价值，我们在原有的简单模型基础上，引入一个森林文化力指数作为参照和修正，结合专家意见和以往研究建立起相关指标体系，通过森林文化力的引入来更好反映森林文化资源服务能力，这种能力主要涉及森林文化资源的质量和可获得性等方面，通过增加森林文化力指数的修正可以将森林文化价值的差异区分得更准确。在这里我们可以将森林文化资本流量简单核算模型扩展为式（6-3）：

$$F_c(t) = (1 + \alpha)F(t) \qquad\qquad (6-3)$$

式中，$F_c(t)$为引入森林文化力指数修正的森林文化资本流量价值，α为森林文化力，$F(t)$为简单模型下的森林文化资本流量价值，即实际消费的时间。

由于森林文化价值的感知与人密切相关，人们对森林文化价值认可及可获得性对森林文化价值的实现有着重要的影响。比如人们虽然对某处的森林文化价值存在需求，但是由于交通等原因无法前往，那么该森林文化资源的价值转换就无法实现，但也存在由于森林文化资源的吸引力很大，人们因为内心需求的原因而克服交通等不利条件，例如，对热带雨林或者喜马拉雅山的旅游活动，虽然交通不便，但是依然会前往。具体而言，主要受以下几个因素影响：①森林文化资源的质量。森林文化资源分为森林的美学价值资源、康养价值资源、游憩休闲价值资源、历史文化价值资源、宗教艺术价值资源、科教价值资源等，森林文化资源的质量是森林文化价值产生的基础，高质量的森林文化资源会吸引人们消费更多的时间，也会如上文所述甚至会克服交通不便等不利因素前往；②森林文化价值的地理区位。森林文化资源的地理位置对森林文化价值的实现有着显著影响，所在地理区位的交通条件影响人们是否可以前往，基础设施影响人们的直接感受和承载能力，客源地基本情况及空间距离影响着人们前往的可能性。一般而言，森林的区域位置与客源地的距离呈负相关，随着距离的增加，前往的人数会逐渐下降（解杼等，2003）；③知名度。较高的知名度会刺激人们渴望了解森林文化价值，产生内心需求，并引发实际时间消费，而美誉度和影响力越大，对人的吸引力便会越强。根据上述分析，结合《中国国家森林公园风景资源质量等级评定》（GB/T 18005—1999）、《自然保护区生态旅游评价指标》（LY/T 1863—2009）、《旅游资源分类、调查与评价》（GB/T18972—2003）及相关文献（刘芹英，2016；朱霖，2015；宋军卫，2012），我们建立起森林文化力指标体系（见表6–3），通过式（6–4）实现对森林文化力的计算。

$$\alpha = \sum_{i=1}^{n}\beta_i B_i \tag{6-4}$$

式中，α 为森林文化力，β_i 为第 i 个指标的权重指数，B_i 为第 i 个指标的得分。

一　森林文化力指标体系建立原则

（1）针对性。指标的选取应该建立在对森林文化价值内容和森林文化价值实现途径深刻理解的基础上进行选择，确保每项指标具有针对性，能够真实反映森林文化力各个因素的作用。

（2）代表性。指标评价方法往往由于指标不能全面反映所评价的内容，而不断增加新的指标内容，使指标数量太多，且容易出现重复，而森林文化价值是一个综合性概念，其内容和感知存在强相关性，在拆分评价时要尽量避免指标信息的重叠，注意选择具有典型性、代表性的指标，增加评价的科学性和准确性。

（3）综合性。森林文化价值是森林客体和感受主体共同作用下产生的，人的主观感受对森林文化价值的实现有着重要作用，所以指标选择上不仅要选择那些能够可靠计量的客观指标，也要设置反映人的主观感受的定性指标，将定量评价和定性评价相结合，综合评价森林文化力指数。

（4）全面性。应当注意选择具有主导因子的指标，全面覆盖影响森林文化价值实现的因子指标，使指标体系能够准确体现森林文化力影响因子。

二 指标体系的建立及指标权重确定

本书采用 AHP 方法来确定指标权重，其基本原理是将总目标分成若干准则，进而分解为多个指标的多层次结构，通过两两比较确定每个指标的相对重要性，并根据重要性进行排序从而在此基础上通过定性和定量分析实现决策。该方法由于具有简洁、系统、灵活等优点，自提出后一直被学界广泛运用，其具体计算步骤如下：

（1）建立层次结构模型：将系统指标进行层次化，确定最高层（目标层）、中间层（准则层）和最底层（方案层）。

（2）构造判断矩阵：建立起各层次的所有判断矩阵，引入 1—9 标度法（见表 6 - 1）对同一层次的各项指标的重要性进行两两比较。

（3）计算层次权重及一致性验证：计算出各判断矩阵的特征向量值为各指标权重和一致性指标 CI，通过式（6 - 5）进行计算。

$$CI = \frac{\lambda_{\max} - n}{n - 1} \qquad (6-5)$$

式中，CI 为判断矩阵的一致性指标，$\lambda_{\max}$ 为最大特征值，n 为判断矩阵的阶数。

通过表 6 - 2 查找平均随机一致性指标 RI。

对判断矩阵一致性比例 CR 通过式（6 - 6）进行计算。

$$CR = \frac{CI}{RI} \qquad (6-6)$$

式中，CR 为判断矩阵一致性比例，CI 为判断矩阵的一致性指标，

RI 为平均随机一致性指标，其中，当 $CR < 0.1$ 时，排序结果一致性可用，反之则需要重新调整判断矩阵的各个要素值进行重新计算。

（4）层次总排序和一致性验证，计算各层次的指标相对于最高层指标的合成权重并对其进行一致性检验，确保排序获得满意的一致性，我们可以根据式（6 - 7）计算。

$$CR = \frac{\sum_{i=1}^{n} b_i CI_i}{\sum_{i=1}^{n} b_i RI_i} \qquad (6-7)$$

式中，CR 为判断矩阵一致性比例，b_i 为第 i 个指标的权重，CI_i 为第 i 个指标单排序的一致性指标，RI_i 为第 i 个指标的平均随机一致性指标，其中当 $CR < 0.1$ 时，总排序结果一致性可用，反之则需要调整。

表 6 - 1　　　　　　　　　　判断标度及其含义说明

序号	判断标度说明
1	表示行指标与列指标具有同等重要性
3	表示行指标比列指标稍微重要
5	表示行指标比列指标明显重要
7	表示行指标比列指标强烈重要
9	表示行指标比列指标极端重要
2、4、6、8	分别表示相邻标度的中值
倒数	为上述数字的倒数

表 6 - 2　　　　　　　　　　判断矩阵的 RI 值

数值	2	3	4	5	6	7	8	9	10	11	12	13
RI	0	0.52	0.89	1.12	1.26	1.36	1.41	1.46	1.49	1.52	1.54	1.56

三　建立层次结构模型

根据指标建立原则，结合前文的理论分析，首先将森林文化力指标体系划分为森林美学价值、休闲游憩价值、康养价值、科教价值、历史价值、宗教文艺价值、地理区位、知名度 8 个一级指标，然后依据《旅游资源分类、调查与评价》（GB/T18972—2003）、《中国国家森林公园风景资源质量等级评定》（GB/T18005—1999）、《自然保护区生态旅游评价指标》（LY/T1863—2009）及相关文献中采用的指标体系进行汇总分析，并通过现场研讨和网络交流的方法收集专家意见，对二级指标进行设定。因森林文化价值主要以人的主观感受为主，因此在指标设定中将游客主观感受度作为一项重要参照指标进行考虑。基于此，将森林文化力指标体系进行层次划分，构造具体的结构模型（见表6-3），其中最高层即目标层 A 为森林文化力；中间层即准则层 B 分别为 B1 美学价值、B2 休闲游憩价值、B3 康养价值、B4 科教价值、B5 历史价值、B6 宗教文艺价值、B7 地理区位、B8 知名度；最底层即方案层 C 是对上一层具体评价的技术方案和指标细分，具体如下：B1 美学价值包括 C1 森林的景观构成、C2 美学价值感受度，B2 休闲游憩价值包括 C3 开放天数和 C4 游憩满意度水平，B3 康养价值包括 C5 森林覆盖率、C6 负离子含量和 C7 健身运动满意度；B4 科教价值包括 C8 科研价值和 C9 教育价值，B5 历史价值包括 C10 古树名木数量、C11 承载的历史事件和 C12 文化古迹，B6 宗教文艺价值包括 C13 宗教氛围感受度和 C14 相关文艺作品数量，B7 地理区位包括 C15 交通便利性和 C16 客源地情况，B8 知名度包括 C17 风景评级和 C18 影响力。

表6-3 森林文化力指标体系

目标层	准则层	方案层
森林文化力指数 A	美学价值 B1	森林的景观构成 C1
		美学价值感受度 C2
	休闲游憩价值 B2	开放天数 C3
		游憩满意度水平 C4
	康养价值 B3	森林覆盖率 C5
		负离子含量 C6
		健身运动满意度 C7
	科教价值 B4	科研价值 C8
		教育价值 C9

续表

目标层	准则层	方案层
森林文化力指数 A	历史价值 B5	古树名木 C10
		承载的历史事件 C11
		文化古迹 C12
	宗教文艺价值 B6	宗教氛围感受度 C13
		相关文艺作品数量 C14
	地理区位 B7	交通便利性 C15
		客源地情况 C16
	知名度 B8	风景评级 C17
		影响力 C18

四　构造判断矩阵

在建立层次结构模型之后就基本确定了上下层之间的隶属关系，在此基础上建立判断矩阵采用1—9标度法对同一层次的各项指标的重要性进行两两比较，判断矩阵的数值主要通过专家意见来确定。本书通过问卷和面对面的咨询方式对30位生态文化、生态学、林业经济、森林美学及风景园林等研究方向的学者的意见进行收集（详见附录B），得出森林文化力指数的各个层次指标的比较判断矩阵见表6 – 4至表6 – 12。

表6 – 4　　　　　　　　　　判断矩阵 A—B

A	B1	B2	B3	B4	B5	B6	B7	B8
B1	1	1/2	1/3	3	1/2	5	1/3	1/4
B2	2	1	1	3	1	4	1/2	1/3
B3	3	1	1	3	1	4	1/2	1/3
B4	1/3	1/3	1/3	1	1/3	2	1/4	1/5
B5	2	1	1	3	1	5	1/2	1/4
B6	1/5	1/4	1/4	1/2	1/5	1	1/5	1/6
B7	3	2	2	4	2	5	1	1
B8	4	3	3	5	4	6	1	1

表6-5 判断矩阵 B1—C

B1	C1
C2	1

表6-6 判断矩阵 B2—C

B2	C3
C4	5

表6-7 判断矩阵 B3—C

B3	C5	C6	C7
C5	1	1/2	1/3
C6	2	1	1/2
C7	3	2	1

表6-8 判断矩阵 B4—C

B4	C8
C9	2

表6-9 判断矩阵 B5—C

B5	C9	C10	C11
C9	1	1/2	1
C10	2	1	2
C11	1	1/2	1

表6-10 判断矩阵 B6—C

B6	C13
C14	3

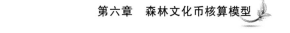

表 6 – 11   判断矩阵 B7—C

B7	C15
C16	2

表 6 – 12   判断矩阵 B8—C

B8	C17
C18	1

五　计算指标权重及一致性确认

通过上述的判断矩阵，可以求出各指标对应的特征向量和最大特征向量根值，其中各特征向量为指标权重。为保证指标权重的一致性，采用 CR 对其检验，本书运用层次分析软件对数据进行分析处理，计算出各个指标的权重。计算结果及一致性分析见表 6 – 13 至表 6 – 22。

表 6 – 13　　　　判断矩阵 A—B 计算结果及一致性检验

森林文化力指数 A	权重	λ_{max}	CI	CR
美学价值 B1	0.08			
休闲游憩价值 B2	0.12			
康养价值 B3	0.13			
科教价值 B4	0.04			
历史价值 B5	0.12	8.302	0.0431	0.0305
宗教文艺价值 B6	0.03			
地理区位 B7	0.21			
知名度 B8	0.27			

表 6 – 14　　　　判断矩阵 B1—C 计算结果及一致性检验

美学价值 B1	权重	λ_{max}	CI	CR
森林的景观构成 C1	0.5			
美学价值感受度 C2	0.5	—	—	—

注：二阶矩阵不需做一致性检验，故无须计算。

表 6 – 15 　　　　　判断矩阵 B2—C 计算结果及一致性检验

休闲游憩价值 B2	权重	λ_{max}	CI	CR
开放天数 C3	0.17			
游憩满意度水平 C4	0.83	—	—	—

表 6 – 16 　　　　　判断矩阵 B3—C 计算结果及一致性检验

康养价值 B3	权重	λ_{max}	CI	CR
森林覆盖率 C5	0.16			
负离子含量 C6	0.30	3.006	0.03	0.005
健身运动满意度 C7	0.54			

表 6 – 17 　　　　　判断矩阵 B4—C 计算结果及一致性检验

科教价值 B4	权重	λ_{max}	CI	CR
科研价值 C8	0.33			
教育价值 C9	0.67	—	—	—

表 6 – 18 　　　　　判断矩阵 B5—C 计算结果及一致性检验

历史价值 B5	权重	λ_{max}	CI	CR
古树名木 C10	0.25			
承载的历史事件 C11	0.50	3	0	0
文化古迹 C12	0.25			

表 6 – 19 　　　　　判断矩阵 B6—C 计算结果及一致性检验

宗教文艺价值 B6	权重	λ_{max}	CI	CR
宗教氛围感受度 C13	0.25			
相关文艺作品数量 C14	0.75	—	—	—

表 6 – 20　　　　　判断矩阵 B7—C 计算结果及一致性检验

地理区位 B7	权重	λ_{max}	CI	CR
交通便利性 C15	0.33			
客源地情况 C16	0.67	—	—	—

表 6 – 21　　　　　判断矩阵 B8—C 计算结果及一致性检验

知名度 B8	权重	λ_{max}	CI	CR
风景评级 C17	0.50			
影响力 C18	0.50	—	—	—

表 6 – 22　　　　　　　C 层指标权重排序及一致性检验

	B1 0.08	B2 0.12	B3 0.13	B4 0.04	B5 0.12	B6 0.03	B7 0.21	B8 0.27	总体 权重
C1	0.50	—	—	—	—	—	—	—	0.04
C2	0.50	—	—	—	—	—	—	—	0.04
C3	—	0.17	—	—	—	—	—	—	0.02
C4	—	0.83	—	—	—	—	—	—	0.10
C5	—	—	0.16	—	—	—	—	—	0.02
C6	—	—	0.30	—	—	—	—	—	0.04
C7	—	—	0.54	—	—	—	—	—	0.07
C8	—	—	—	0.33	—	—	—	—	0.01
C9	—	—	—	0.67	—	—	—	—	0.03
C10	—	—	—	—	0.25	—	—	—	0.03
C11	—	—	—	—	0.50	—	—	—	0.06
C12	—	—	—	—	0.25	—	—	—	0.03
C13	—	—	—	—	—	0.25	—	—	0.01
C14	—	—	—	—	—	0.75	—	—	0.02
C15	—	—	—	—	—	—	0.33	—	0.07
C16	—	—	—	—	—	—	0.67	—	0.14
C17	—	—	—	—	—	—	—	0.50	0.135
C18	—	—	—	—	—	—	—	0.50	0.135
一致性检验		$CI = 0.0039$		$RI = 0.0676$		$CR = 0.05 < 0.1$			

六　指标量化标准

结合《旅游资源分类、调查与评价》（GB/T 18972—2003）、《中国国家森林公园风景资源质量等级评定》（GB/T 18005—1999）、《自然保护区生态旅游评价指标》（LY/T 1863—2009）及相关文献，对森林文化力指标体系各项指标的评分标准进行了设定（见表 6 – 23），设定方法以国家或地方准则为准，无明确标准的参照已有标准进行设定，主观评价以问卷调查均值进行计算。森林文化力指数满分为 1，为了便于表述，各指标按满分 10 分计算，最后归化为 1。

表 6 – 23　　　　　　　　森林文化力指数评分标准

评价内容	标准依据	评价标准
森林的景观构成	《旅游资源分类、调查与评价》（GB/T 18972—2003）《自然保护区生态旅游评价指标》（LY/T 1863—2009）	各类景观有机联系，互相补充和烘托，全部或其中一项景观具有极高的观赏价值，或者异常奇特，在其他地区极其罕见，在全国享有很高的知名度，10 分；各类景观能够联系在一起的程度一般，全部或其中一项景观具有很高的观赏价值，或很奇特，在其他地区很罕见，在省级区域享有很高知名度，8 分；各种景观相互孤立，不能联系在一起，全部或其中一项景观具有较高的观赏价值，或者比较奇特，在其他地区比较罕见，在地市级区域景观享有较高知名度，4 分；景观数量较少，全部或其中一项景观具有一般观赏价值，具有独特性特点，在县级地区具有较高知名度，2 分
美学价值感受度		问卷形式获得游客评价的加权平均得分
开放天数	参照《中国国家森林公园风景资源质量等级评定》（GB/T18005—1999）	240 天/年≤开放天数，10 分；150 天/年≤开放天数＜240 天/年，5 分；开放天数＜150 天/年，3 分
游憩满意度水平		问卷形式获得游客评价的加权平均得分

续表

评价内容	标准依据	评价标准
森林覆盖率	《山岳型风景资源开发环境影响评价指标体系》（HJ/T6—1994）	森林覆盖率＜50%，3分；50%≤森林覆盖率＜60%，5分；60%≤森林覆盖率＜70%，7分；森林覆盖率≥70%，10分
负离子含量	《中国国家森林公园风景资源质量等级评定》（GB/T18005—1999）	负离子含量在50000个/立方厘米以上，10分；负离子含量在10000—50000个/立方厘米，8分；负离子含量在3000—10000个/立方厘米，4分；负离子含量在3000个/立方厘米及以下，2分
健身运动满意度		问卷形式获得游客评价的加权平均得分
科研价值	《自然保护区生态旅游评价指标》（LY/T 1863—2009）	在生态、环境、经济、文化等方面具有极高科研价值，作为国家级研究项目的研究地，或相关科研著作和论文很多，10分；在生态、环境、经济、文化等方面具有较高科研价值，作为省部级研究项目的研究地，或相关科研著作和论文较多，6分；在生态、环境、经济、文化等方面具有一般研究价值，相关科研著作和论文数量一般，3分
教育价值	参照《自然保护区生态旅游评价指标》（LY/T 1863—2009）	国家级教育基地，或每年开展各类教育活动很多，10分；省级教育基地，或每年开展各类教育活动较多，6分；地市级教育基地，或每年开展各类教育活动较少，3分
古树名木	参照《旅游资源分类、调查与评价》（GB/T18972—2003）	有国家知名古树名木，或古树名木数量众多，10分；有省级知名古树名木，或古树名木较多，7分；有地方知名古树名木或古树名木数量较少，3分
承载的历史事件	参照《旅游资源分类、调查与评价》（GB/T18972—2003）	承载的历史事件具有世界意义；10分；承载的历史事件具有全国意义；8分；承载的历史事件具有省级意义，6分；承载的历史事件具有地区意义，4分
文化古迹	参照《旅游资源分类、调查与评价》（GB/T18972—2003）	具有世界影响力，或被列入国家级重点保护的，10分；具有全国影响力，或被列入省级文物保护的，8分；具有省级影响力，或被列入省级以下文物保护的，6分；具有区域影响力，一般文化古迹未列入保护的，4分

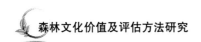

续表

评价内容	标准依据	评价标准
宗教氛围感受度		问卷形式获得游客评价的加权平均得分
相关文艺作品数量	《旅游资源分类、调查与评价》（GB/T18972—2003）	同时或其中一项具有世界意义的艺术价值作品，或者艺术作品数量很多，10分；同时或其中一项具有全国意义的艺术价值作品，或者艺术作品数量较多，7分；同时或其中一项具有省级意义的艺术价值作品，或者艺术作品数量一般，4分；同时或其中一项具有地区意义的艺术价值作品，或者艺术作品数量较少，2分
交通便利性	《中国国家森林公园风景资源质量等级评定》（GB/T18005—1999）	50公里内通铁路，在铁路干线上有中型或大型车站，客流量大，3分；50公里内通铁路但是客流量较小，2分；50公里内不通铁路，1分；国道或省道，公共交通车辆随时可达，4分；省道及以下，有较多公共交通可达，3分；有道路可达，公共交通较少，1分；在100公里内有国内航空港或150公里内有国际航空港，3分
客源地情况	《中国国家森林公园风景资源质量等级评定》（GB/T18005—1999）	离省会城市（含省级市）小于100公里，或景区为中心半径100公里内有100万人口规模的城市，10分；离省会城市（含省级市）100—200公里，7分；离省会城市（含省级市）超过200公里，4分
风景评级	《旅游景区质量等级的划分与评定》（GB/T 17775—2003）	国家级或AAAAA级，10分，省部级或AAAA级，8分，地市级或AAA级，6分，区县级或AA级，4分，A级，2分
影响力	《旅游资源分类、调查与评价》（GB/T18972—2003）	在世界范围内知名，或构成世界承认的名牌，10分；在全国范围内知名，或构成全国性的名牌8分；在本省范围内知名，或构成省内的名牌，6分；在本地区范围内知名，或构成本地区名牌，4分

第六节　森林文化价值承载容量约束下的流量模型

在理想状态下，人们在森林中消费的时间总量越大，预示着森林文化价值越大，森林文化币总量会呈不断增长的趋势，但这种增长是存在限度的，如图6-3所示，在经过一段边际递增效用的递增的阶段到 b 点便会进入边际效用递减直到超过森林最佳的观赏或者游览承载力即 d 点，这时整体效用开始下降。这是因为在第一阶段，人们感受森林文化价值比较容易，生理和心理的愉悦感获得比较直观，而森林的文化价值的多层次让人们不断感受到新奇，愉悦感的获得呈不断上升状态，但是随着时间的推移，如果人们对森林的文化价值欣赏水平和森林提供给人的文化价值效用一成不变，或者人的森林文化素养提升速度趋缓，没有形成森林情感，达到深度休闲水平，对森林文化价值的感受度变得相对迟缓，那么森林的文化价值也会遵循边际效用递减规律，随着人们到森林的次数增加而效用递减，尤其由于人数不断增长达到或者超过文化资源的承载力，人的密度超过人的心理舒适程度，给人带来不适感，其感受的愉悦感会呈下降趋势，此时就会有人离开选择其他森林或者用其他方式来排解压力，最终使森林文化价值

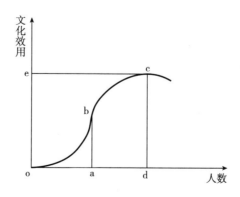

图6-3　森林文化资本流量价值长期均衡

恢复到正常，所以森林文化资本流量价值是一个动态平衡的价值量，但这一平衡是一个长期结果。

就短期而言，随着人数的增加，会超过人们的可接受度，从而导致效用下降，人们在森林中消费的时间不再代表愉悦的感受，其时间的增加也会对森林文化资源造成损害，这部分价值量是对森林文化资源的透支，根据透支程度我们对其的计量应当做相应的减损，如果影响巨大，应当做负数处理。因此我们在计算森林文化价值量时，应当在环境承载容量这一限定条件下进行计算，从而更合理地体现森林文化价值，其核算模型可以表述为式（6-8）。

$$F_e(t) = \begin{cases} F_c(t) & t \leqslant T \\ F_c(t) + \sum_{i=m}^{n} (1 - \theta_i) F_{ci}(t) & t > T \end{cases} \qquad (6-8)$$

式中，$F_e(t)$ 为在环境承载容量约束下森林文化价值量，θ_i 为超过承载容量第 i 个人的衰减系数，需要说明的是这一衰减系数根据人的主观感受和对森林文化资源的影响程度进行设定，其值可以大于1，t 为实际发生时间消费量，T 为环境承载时间量，当 t 在承载容量范围内，核算函数按正常核算模型进行计算，当 t 超过承载容量的部分，应当按衰减系数进行减损计量，超载程度越大，给人的负面效应便会越大，那么衰减程度则越大。

一 森林文化价值承载容量模型构建

森林文化价值时间承载容量是指在特定时间内森林文化资源在既能满足人类需求又不对森林文化资源造成损害的情况下能够承载人类活动的总时间储量。其容量大小受森林文化资源空间容量、森林生态容量及经济发展容量等因素的影响。根据限制性因子理论即"木桶理论"（胡炳清，1995），其最大容量由影响因子中容量最小要素决定的，作者在已有旅游环境容量测算模型（保继刚，1999；崔凤军，2001；金丽娟，2005）基础上提出森林文化资源时间承载容量测算模型（见图6-4）。

根据上述模型我们可以将其表述为测算式（6-9）：

$$T(t) = \min(R, E, C) \qquad (6-9)$$

图 6 - 4　森林文化资源时间容量测算模型

式中，$T(t)$ 为森林文化资源时间承载容量，R 为森林文化资源空间容量，E 为森林文化资源生态容量，C 为森林文化资源经济发展容量。

二　森林文化资源空间容量

森林文化资源空间容量是指保证森林文化资源质量的前提下，在一定时间内，森林能够容纳人们的活动量。在《自然保护区生态旅游规划技术规程》《风景名胜区规划规范》（GB50298—1999）等文件和以往的研究中（周公宁，1992；赵雷刚，2012；孙元敏，2015；张冠乐，2015）对环境容量测算一般分为面积法、线路法、卡口法三种方法，并根据实际情况采用一种或者综合使用，我们在此基础上提出了森林文化资源空间容量的测算方法。

（1）面积法。主要用于游人可以大面积进入的区域，核算森林文化资源空间容量式为：

$$R = \frac{A}{A_0} \cdot V \cdot T \cdot T_0 \tag{6-10}$$

$$V = \frac{T_0}{T_1} \tag{6-11}$$

R 为森林文化资源空间容量（分钟），A 为森林文化资源的空间规模（平方米），A_0 为每人最低空间标准（平方米/人），V 为周转率，T 为全年开放时间（天），T_0 为每天开放时间（分钟），T_1 为人均停留时间（分钟）。

（2）卡口法。主要用于在游览线路上有明显限制性因素的卡口处，其核算森林文化资源空间容量式为：

$$R = B \cdot N \cdot T \cdot T_0 \qquad\qquad (6-12)$$

$$B = \frac{T_2}{T_3} \qquad\qquad (6-13)$$

$$T_2 = T_0 - T_1 \qquad\qquad (6-14)$$

R 为森林文化资源空间容量（小时），B 为日游客批次，N 为每批游客人数，T_2 为每天游览时间（分钟），T_3 为两批游客的间隔时间（分钟），T 为全年开放时间（天），T_0 为每天开放时间（分钟），T_1 为游览全程所需时间（分钟）。

（3）线路法。主要用于沿山路或者固有线路游览的景区的计算，其计算方法又分为完全步道法和不完全步道法，完全步道法主要针对进口和出口不在同一位置，游客无须走回头路的景区，不完全步道法主要针对游客需原路返回，出口和进口在同一位置。其核算森林文化资源空间容量式为：

①完全步道法。

$$R = \frac{L}{l} \cdot V \cdot T \cdot T_0 \qquad\qquad (6-15)$$

$$V = \frac{T_0}{T_1} \qquad\qquad (6-16)$$

②不完全步道法。

$$R = \frac{L}{l + l \times \dfrac{T_4}{T_1}} \cdot V \cdot T \cdot t \qquad\qquad (6-17)$$

R 为森林文化资源空间容量（分钟），L 为步道的总长度（米），l 为每人合理占用的步道长度（米/人），V 为周转率，T 为全年开放时间（天），T_0 为每天开放时间（分钟），T_1 为人均游览全部路线所需时间（分钟），t 为人均停留时间（分钟），T_4 为人均返程所需时间（分钟）。

（4）空间标准。对于个人空间标准，在国内外的准则和文献中有着不同要求，本书对森林文化资源空间容量的个人空间标准主要参照以下标准和要求（见表 6-24 至表 6-26）：

表 6 – 24　　　　　　　《风景名胜区规划规范》容量标准

用地类型	允许容人量和用地指标	
	（人/公顷）	（平方米/人）
针叶林地	2—3	3300—5000
阔叶林地	4—8	2500—1250
森林公园	<15—20	>660—500
疏林草地	20—25	500—400
城镇公园	30—200	330—50

表 6 – 25　　　《自然保护区生态旅游规划技术规程》容量标准

生态旅游区（点）	单位	容量指标
水浴区	平方米/人	50
游泳岸线	平方米/人	10
滑雪场	平方米/人	100
划船	平方米/艘	250
垂钓区	平方米/人	80
自行车道	平方米/辆	30
骑马场	平方米/人	30
游步道	平方米/人	30（或 15 米/人）
登山步道	平方米/人	20（或 10 米/人）
观鸟区	平方米/人	500
动物观赏区	平方米/人	1000
植物观赏区	平方米/人	300
露营地	平方米/人	200
停车场（小车）	平方米/台	25
停车场（大车）	平方米/台	80

表 6 – 26　　　　　　　　国外空间容量标准

场所	空间标准	国家
植物园	300 平方米/人	日本游憩场所基本标准空间
徒步旅行	400 平方米/人	日本游憩场所基本标准空间
森林公园	15 人/公顷	世界旅游组织娱乐活动的承载力标准
郊野自然公园	15—18 人/公顷	世界旅游组织娱乐活动的承载力标准

场所	空间标准	国家
徒步旅行	40 人/公顷	世界旅游组织娱乐活动的承载力标准
森林接触区	100 人/公顷	美国游憩容量标准
森林公园	10—20 人/公顷	美国游憩容量标准

三　森林文化资源生态容量

森林文化资源生态容量是指一定时间内森林自然生态环境不致退化的前提下，森林能够容纳的人们的活动量。其容量大小取决于自然生态环境和人工净化与处理污染物的能力，以及一定时间内活动区域内人们产生的污染物量（保继刚，1999），其计算公式如下：

$$E = \min\left(\frac{m_i + q_i}{p_i} \cdot T\right) \cdot t \qquad (6-18)$$

式中，E 为森林自然生态容量，即生态环境能够承载游客的最大允许量，m_i 为第 i 种污染物森林生态系统每天的净化量（千克），p_i 为第 i 种污染物每天产生的数量（千克），q_i 为第 i 种污染物人工每天处理量（千克），T 为开放时间（天），t 为人均停留时间（分钟），具体污染物排放量见表 6-27。

表 6-27　　　　　　旅行者污染物产生量

污染物	数量
粪便	0.4 千克/（人·日）
悬浮颗粒	60 克/（人·日）
游人垃圾	200 克/（人·日）
氨氮	7 克/（人·日）
生物耗氧量	40 克/（人·日）

资料来源：《旅游与环境》。

四　森林文化资源经济发展容量

森林文化资源经济发展容量是指一定时间一定区域范围内经济发展程度所决定的能够接纳的活动量（崔凤军，2001）。一般而言主要由水、电、交通、食宿等要素决定。其计算式为：

$$C = \min\left(\frac{s_i}{n_i} \cdot T\right) \cdot t \qquad (6-19)$$

式中，C 为经济发展容量，s_i 为第 i 种经济社会要素的日均供给量，n_i 为人对经济社会第 i 种要素的日均需求量，T 为开放时间（天），t 为人均停留时间（分钟）。

第七节　本章小结

本章是研究的核心章节，为避免森林文化价值各构成部分在核算过程中简单相加，提出了森林文化资本的概念，将其定义为森林文化资源的具象化，将无形和有形的森林文化资源包含在内，并能够有效地形成森林文化价值输出。根据资本的特点将其划分为存量和流量价值，为方便比较，将森林文化价值的核算转换为对森林文化资本流量的估算，即将森林文化价值核算限定在某一年度内的森林文化币估算。在此基础上提出森林文化币的核算模型，包括森林文化币流量核算简单模型、森林文化币存量核算模型、在森林文化力条件下的拓展模型及森林文化价值承载容量约束下的核算模型。其中森林文化币流量核算简单模型是仅考虑人们在森林中的实际时间消费为主要变量进行核算；在森林文化力条件下的拓展模型则是考虑到森林的不同区域及多层次性及消费时间的有效性，引入了森林文化力指数对简单模型的计算结果进行修正，森林文化力指数则是根据前文中对森林文化价值分析和专家建议建立起相关评价指标体系，采用 AHP 法计算指标权重，并根据国家相关标准建立起评价矩阵，从而计算出森林文化力指数值；森林文化价值承载容量约束下的核算模型则是考虑到超载对人文化行为的效用和对森林文化资源的影响，增加了森林文化价值承载容量模型这一限制性要素，对超载部分的时间消费设立衰减系数进行再次修正，其中承载容量主要通过森林文化资源空间承载容量、生态容量、经济发展容量三部分最小限制因子得出，通过限制性条件使用使森林文化币核算模型更具有准确性。

第七章

森林文化币在森林文化价值评估中的运用

第一节　研究地情况

香山公园位于北京西郊，占地188公顷，景区最高峰香炉峰海拔575米。香山公园可追溯金朝，距今有近900年的历史，后在元、明、清等朝代都有皇家别院，拥有碧云寺、双清别墅等众多文物古迹，树木繁多，森林覆盖率高，并以香山红叶闻名于世。香山公园1956年正式开辟为人民公园，先后被评为国家4A级景区、北京市精品公园，2012年又被授予世界名山称号。目前已经成为一个集景观欣赏、体育健身、科普教育、游憩休闲等多种功能于一身的公园。

一　美学价值资源

香山红叶是香山最负盛名的景观，被评为"新北京十六景"之一。公园中红叶树种大约有14万株，占地约1400亩，其中黄栌的占比最高，大约有10万棵以上，占地1200亩，每年秋天满山红叶，美不胜收。而"西山晴雪"是著名的京城八景之一，主要指冬天的雪景，乾隆皇帝曾经在香山的山腰上立下了西山晴雪碑，也有很多诗篇描述雪景，例如，明朝邹缉的《西山霁雪》写道："西山遥望起岩嶢，坐看千峰积雪消。素采分林明晓日，寒光出壑映晴霄。"此外，近年来香山公园每年春季都会举办春季山花观赏季活动，利用各种花卉精心布展，结合山花的自然风貌，打造立体的鲜花景观，已经连续举办了 15 届，成为香山又一品牌活动；香山除黄栌外还有大量的侧柏、油松、圆柏、白皮松、槐树、银杏、元宝枫、栾树、七叶树等众多树种，和大量的灌木及草本植物形成层次丰富、四季色彩分明的自然景观。不仅如此，香山还拥有大量的人文景观，在清代著名的"三山五园"中，香山公园就占了一山一园——香山和静宜园。虽然静宜园已被焚毁，但仍有双清别墅、碧云寺、见心斋等各类人文景观及各类亭台楼阁数十处，水文景观主要有眼镜湖、静翠湖、水泉院、观鱼亭等，结合奇特的山形走势，以道路相接，将点缀其间的风景名胜串联在一起，使自然美和人文美融合，将森林的色彩美、形态美、意境美等森林美学价值发挥得淋漓尽致。

二　游憩休闲价值资源

香山由于环境优越，自古便是皇家的离宫别院，元代诗人张养浩曾写道："游人如蚁度林杪"，表明自古香山的游人已经很多，中华人民共和国成立后，将其设为人民公园后，由于环境优美，气候宜人，四季风景各有不同，又有丰富的人文景观，基础设施完备，尤其是秋季红叶和春天踏青季节，游人众多，仅 2016 年统计数据显示香山公园年客流量为 499.8 万人次，近十年来游客容量增长了近 40%，游客总量在海淀区排名第三，仅次于颐和园和圆明园。当前登山游览路线主要有四条，南线由东宫门南路进，沿途景点有静翠湖、对瀑亭、理路岩、带水屏山、香山寺、听法松、双清别墅、洪光寺遗址、朝阳洞，经香雾窟遗址到达鬼见愁山顶；中线主要经过芙蓉馆、重翠庵遗址、西山晴雪碑，经香雾窟遗址到达山顶；北线经听雪轩、昭庙遗址、见心斋、眼镜湖，出北宫门进碧云寺或者沿宫墙石阶路到达鬼见愁顶峰；第四条是乘坐索道，从北宫门直达山顶，沿途可以鸟瞰碧云寺全景和香山的秀丽风景，只需 18 分钟就可以到达。在用餐方面，香山饭店和松林餐厅等，也有便利店提供休闲食品；在住的方面，香山有别墅对外经营有 200 间客房，456 个床位，主要是会议接待，游客的入住率相对较低；在购物方面，2016 年香山皇家礼物旗舰店开业试运行，涉及文创产品 5 类 270 余种，共计 400 余件商品，还有香山礼品店主打明信片等轻旅游概念产品。此外，根据问卷调查显示，香山休闲过程中 90.2% 的人表示有助于增进人际关系。

三 科教价值资源

香山科教资源丰富，有各类植物 391 种（野生植物 229 种）等生物资源以及全国爱国教育基地双清别墅等历史人文教育资源，为科学研究和教育提供对象和载体，在承担众多科研项目中多次获奖，例如，《香山历史文化植物景观的研究和恢复》《香山寺遗址建筑清式木作复原考证课题》分获中心科技进步一等奖、三等奖。此外，还在古树保护、历史研究、生态保护、旅游经济等多个方面提供了研究对象，在中国知网上以北京香山公园为主题搜索，涉及香山的期刊文章有 185 篇，硕博论文 17 篇；在教育方面，香山充分利用绿色资源和红色资源提供广泛的科普活动和爱国主义教育，其中双清别墅每年接待团队预约上百次，并结合孙中山衣冠冢等爱国教育资源，定期举办各种展览和主题教育，弘扬爱国文化。为了更好开展生态教育，香山为很多植物悬挂了标牌，以便游客了解植物名称及分类，定期开展科普活动，通过展板、科普讲座、主题科普展、青少年夏令营、第二课堂等多种形式进行森林科普教育，在 2016 年就先后开展科普讲座及展览 13 次，覆盖人群 13600 人次，举办青少年夏令营 7 次，为青少年提供专门的课外教育场所。曾获得了北京市校外教育先进集体、北京市红色旅游景区、海淀区中小学生社会大课建设先进集体等称号。

四 康养价值资源

香山公园森林覆盖率高达 96%，通过固碳释氧的作用，成为北京近郊天然的氧吧，而大量植物资源，对空气中的颗粒物也有很好的吸附作用，据测算，香山公园 TSP、PM10、PM2.5 的数量和园外相比相对较低，阻滞效果明显（杜万光，2017）。近年来，有学者（李少宁等，2010）的监测数据显示，香山的空气负离子浓度年平均值为 630 个/立方厘米，是市区负离子含量的 14 倍，为同期监测点的最高地区，以往的监测数据也显示香山的负氧离子含量是北京最高的地区之一（Huang, K., 2005）；

在调节局部气候方面，得益于独特的山形构造和丰富的森林资源，使香山地区的气温尤其是夏天比市区低3℃—5℃。同时香山作为近郊公园，也为人们的健身提供了必要的场所，尤其在登山、跑步、晨练等方面，每天都有大量市民参与，而香山也依托资源优势，多次举办登山越野比赛等体育赛事，鼓励市民参与其中，根据问卷调查显示高达61.7%的人来香山公园的主要动机是体育锻炼。

五　历史价值资源

香山公园历史悠久，古树名木和文物古迹众多，记录和见证了众多历史事件，有着重要的历史文化价值。

（1）古树名木。香山古树名木众多，一、二级古树达5800余株（其中一级古树300余棵），占北京近郊古树总数的1/4。其中比较著名的有听法松，位于香山寺中，由于树冠偏向大殿，状似听法，乾隆皇帝以顽石听法点头的典故为其命名；凤栖松，位于见心斋北门外，因其形酷似孔雀回望，所以得名；五星聚，在静宜园东宫门外，五棵古柏相聚在一起，因此得名；九龙柏位于碧云寺金刚塔后部，因为树干酷似九龙而得名。孙中山曾为其清理积石，后孔祥熙专门撰文纪念此事；琼松塔影位于知松园，知松园内有一、二级古松柏100多棵，其中有两棵古松和琉璃塔对借成景，因此得名"琼松塔影"；三代树是位于碧云寺水泉院内的一棵银杏树，因其生长在一棵残桩中，1936年庄俞曾赋诗"一树三生独得天，知名知事不知年"，1988年被定为一级古树，也被人誉为三代树。

（2）承载的历史事件。香山自古就是皇家别院，有着双清别墅、碧云寺、玉华山庄、重阳阁、西山晴雪碑等众多名胜古迹，承载了很多重大历史事件。乾隆皇帝曾在香山举办"香山九老会"，并在香山昭庙会见自西藏远道而来为其祝寿的六世班禅；第二次鸦片战争和八国联军侵华期间，先后两次劫掠香山，导致很多建筑古迹被焚毁；1925年，孙中山病逝于北京，停灵在香山四年，在碧云寺的金刚宝塔设立孙中山衣冠冢，并设立孙中山纪念堂；1949年3月中共中央迁至北平，毛泽东等国家领导人在香山双清别墅居住办公，在此期间签发和撰写了一系列有着重大历史意义的文件和文章，例如，《向全国进军的命令》《论人民民主专政》《别了，司徒雷登》《唯心历史观的破产》等。并在这里会见各党派人士，筹划建国大计，指挥渡江战役，可以说香山见证了新民主主义革命的胜利和中国共产党从革命党到执政党的转变，是中国共产党的重要纪念地。此外，还有金世宗、金章宗、张养浩、明世宗、明神宗、王阳明、文徵明、王世贞、清圣祖、清高宗、蒋介石、刘少奇、朱德、周恩来、任弼时、陈毅等 100 余位古今中外的名人曾游历香山，留下了众多历史遗迹。

六 宗教艺术价值资源

（1）宗教场所。香山曾经香火鼎盛，有光华寺、洪光寺、昭庙、香山寺和碧云寺等众多寺庙，其中香山寺始建于盛唐，后在金朝金世宗赐名为"大永安寺"，清朝香山寺被列为静宜园二十八景之一，后被乾隆皇帝赐名"香山大永安禅寺"，但在 1956 年被英法联军焚毁，后经重建，于 2017 年香山寺复建后对游客开放；洪光寺在明朝始建，供奉千佛，清朝康熙皇帝曾为其题匾，乾隆年间将其由私庙改为官庙，并为正殿等地题匾额，后被英法联军焚毁；昭庙全称为宗镜大昭之庙，藏文音译为"党卧拉康"，是为了迎接嘉勉班禅而修建，现仅存遗址；碧云寺创建于元朝，至今有 600 多年的历史，经中华人民共和国成立后的多次修缮，基本保留了历史原貌，目前留存有三门殿、天王殿、大雄宝殿、菩萨殿、罗汉堂、金刚宝座塔、禅堂、钟鼓楼、藏经楼、经幢、放生池、龙王庙等众多佛教建筑，以及众多佛像壁画等文物古迹。这些宗教场所将建筑、雕塑、绘画、书法、文物等融为一体，给人以艺术熏陶和美好联想，具有宗教、艺术、教育等多种功能。

（2）艺术作品。香山优美的景色、深厚的文化底蕴，给人带来美好的感受和精神激荡，唤起人们创作的激情，为艺术创作提供了素材和灵感，形成了数量众多的香山艺术作品，根据《香山公园志》记载，描写香山和在香山创作的诗歌有 201 首、散文 35 篇、歌曲 3 首、匾额 94 块、石刻 53 块、涉及书目 28 个、香山慈幼院出版的教材和用书 50 本，此外还有静宜园全图（清）、西郊图（清）等画作，其中徐悲鸿曾以小龙柏（已枯）为原型作画，在巴黎售出，使之闻名海外。

七 交通情况

香山地区周边目前正在运行的道路主要有 4 条，由香山南路、香颐路、西五环路、闵庄路及支路组成，多为城市次干道，进入该区域的车辆主要需要通过香山南路和香颐路，少量车辆会通过杰王府路、买卖街等支路网系统，其中香山南路路宽 8 米，步道较为狭窄；香颐路进山方向又称香泉路，路宽 14 米，另一段上山路宽不足 10 米，相对狭窄，尤其是香泉环岛和多个路口重合，每年旺季都会出现拥堵情况，整体而言，公路交通承载相对薄弱，有待于改善。

公共交通方面，多条公交线路可达，其站点主要设置在香山南路、香泉路和香泉南路上，高峰期每小时到站车辆可达 494 辆，日运输量可达 12000 人次，公共交通较为发达。

八　客源地基本情况

香山公园离北京市区大约 20 公里，100 公里内分布着北京站、北京南站、北京西站、北京北站等主要火车站和首都国际机场、南苑机场等机场。北京地区作为中国的首都，经济发达、人口众多，截至 2016 年，常住人口 2172.9 万人，区域国民生产总值 24899.3 亿元，人均 GDP 11.46 万元，人均可支配收入 5.25 万元，人均消费支出达到 3.54 万元，其中旅游业收入 5021 亿元，累计接待游客 2.85 亿人次，其中国内旅游总人数 2.81 亿人次，外省市来京旅游人数 1.71 亿人次，旅游消费 4272 亿元；北京市民在京游人数 1.1 亿人次，增长 3.7%，旅游消费 412 亿元，增长 6.3%。接待入境游客 416.5 万人次（北京市统计局，2017）。

第二节　香山公园相关数据收集及处理

一　基础数据收集整理

通过查询香山公园官网、《香山公园志》、《北京市公园统计年鉴》及已发表的香山公园相关论文（金丽娟，2005；付健，2010；肖随丽，2010；成程，2014；梁萍，2016；翟伟，2016；杜万光，2017等），并对香山公园管理处及香山公园进行了走访，对香山公园的森林文化价值相关信息进行了调查整理，并通过互联网、图书馆等途径收集北京人口普查、旅游数据、经济状况等统计基础数据。

二　问卷调查

问卷设计。问卷主要包括对香山公园游憩者的构成、时空分布、森林文化价值消费时间、森林文化价值的评价等方面（见附录A），具体内容包括如下几个方面：

①人口学基本特征：游憩者的性别、年龄、居住地点、学历、职业等。②行为特征及偏好：出行方式选择、游憩动机、结伴方式等。③森林文化价值评价：平均停留时间，对香山公园美学价值、休闲游憩价值、康养价值、科教价值、宗教艺术价值的主观评分。

网络问卷调查。部分学者认为网络问卷是对大样本调查中最有效的问卷方法，同比信件及现场问卷调查，有较高的回复率且成本较低，省去烦琐的文本转换成电子文档的过程，有更高的效率。根据《中国互联网发展状况统计报告》，中国网民数量达到7.31亿人，其中使用移动互联网的人群占比95.1%，达到6.95亿人，中国企业计算机办公率达到99%，互联网使用占比95.6%，可见网络问卷有着深厚的用户基础。本书通过专业的网络问卷调查平台问卷星在2017年进行了网络调查，调查周期11个月，问卷主要通过网站固有访客及网络论坛、QQ群、微信群等社交软件，设置有奖邀请朋友填写等方式进行问卷收集，并通过受访者的IP地址及问卷设置内容对问卷进行筛选，累计回收网络问卷436份，为确保森林文化价值感知的有效性，对非1年内到香山游玩的123份问卷和29份填写不完整的问卷进行了删除，回收有效问卷284份。

实地访谈问卷调查。为了更好地了解游客对香山森林文化价值的感知，笔者从2017年8—10月对香山公园游客进行了一对一的访谈式的问卷调查，在调查的同时对森林文化价值进行了详细解释说明，并对游客的建议进行了收集，累计发放问卷91份，回收有效问卷91份。

三　问卷处理

通过网络和实地问卷调查，累计收回有效问卷375份，采用EX-CEL和问卷星分析系统对数据进行分析。

四　问卷结果分析

（1）人口学统计特征。根据调查问卷显示，男性比例略高于女性（见表7－1）。年龄分布呈现正态分布（见表7－2），主要集中在中青年人群，其中20—39岁的占比55.67%，而39—60岁的占比32.65%，20岁及以下和60岁以上的占比相对较低。从居住地（见表7－3）来看，主要集中在北京本地，外地占比13.33%；在学历构成（见表7－4）上，主要集中在高学历人群，本科学历占比45.33%，硕士及以上占比37.33%；而在职业分布（见表7－5）上，公司职员、企事业单位管理人员、教师及研究人员、公务员、学生等群体是主要组成人群，而军人警察、医护人员、农民及私营业主占比相对较少，这一结果基本与职业的闲暇休假时间一致。我们可以从人口统计数据看出，性别差异较小，但在年龄和职业上的差异比较明显，整体呈现出年轻化、大众化、本土化及高学历化的趋势。

表7－1　　　　　　　　　　游客性别比例结构

性别	比例（%）
男	52.67
女	47.33

表7－2　　　　　　　　　　游客年龄比例结构

年龄	比例（%）
20岁及以下	8.51
20—39岁	55.67
39—60岁	32.65
60岁以上	3.17

表7－3　　　　　　　　　　游客居住地比例结构

居住地	比例（%）
北京	86.67
外省市	13.33

表7-4　　　　　　　　　　游客教育程度

学历	比例（%）
初中及以下	1.33
高中或中专	4.00
大专	12.00
本科	45.33
硕士及以上	37.33

表7-5　　　　　　　　　　游客职业结构

职业	比例（%）
公务员	10.00
企事业单位管理人员	15.00
公司职员	24.67
教师及研究人员	16.00
医护人员	0.67
私营业主个体户	0.67
服务及销售人员	7.33
军人警察	0.00
技术人员	6.00
学生	13.33
工人	2.00
农民	0.67
离退休人员	2.67

（2）游客行为及动机分析。根据调查结果显示，前往香山的交通方式选择上主要是公共交通和私家车（见图7-1），分别占比61.33%和28.67%，骑车、步行、出租车等形式较少，主要原因为香山离市区有一定距离，附近居民密度相对较低，游客的出行距离相对较远。50.67%的游客和朋友一起，35.33%的游客和家人一起，以旅行社的形式和单独一人游览的较少，显示了森林文化价值在促进社交增进感情方面的作用（见图7-2）。而在出游动机上主要集中在欣赏

美景、锻炼身体和放松身心上，占比都在60%以上，而文艺作品介绍和宗教活动占比较低，占比仅2%（见图7-3）。

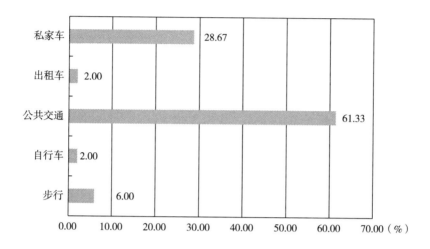

图7-1　游客出行交通方式选择

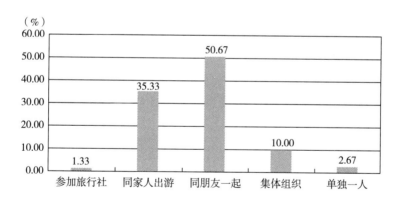

图7-2　游客结伴方式

（3）游客的森林文化价值感知。在森林文化价值感知上，游客对森林游憩休闲价值、森林康养价值、森林美学价值、森林历史文化价值的认可度较高，分别给出了7.9分、7.8分、7.7分和7.6分，这与问卷调查中游客的动机基本对应；对科教价值和宗教艺术价值的感知度较低，仅6.7分和6.1分（见表7-6），其主要原因一是科研价

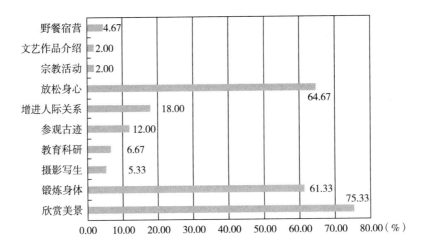

图 7 - 3 游客出游动机

值针对的是特定人群，普通游客对此了解不深；二是科普教育和爱国主义教育活动更多以主题展览形式开展，有特定的时间和特定群体，各类标牌只是简单介绍，游客的感知不具有普遍性，对宗教艺术价值的感知程度较低，一方面游客以宗教目的来香山的仅占2%，而香山仅剩碧云寺开放，并且单独收取门票，很多游客并未选择前往参观；另一方面游客对有关香山的文艺作品知之甚少，调查显示只有5.2%的游客听闻过有关香山的文艺作品，也只有2%的游客的动机是因为文艺作品介绍。

表 7 - 6 　　　　　　　　　森林文化价值认知度调查结果

序号	森林文化价值内容	森林文化价值认知程度（分）
1	森林美学价值	7.7
2	森林游憩休闲价值	7.9
3	森林康养价值	7.8
4	森林科教价值	6.7
5	森林历史文化价值	7.6
6	森林宗教艺术价值	6.1

第三节　香山公园的森林文化币核算

一　香山公园森林文化资源时间承载容量核算

香山公园森林文化资源空间容量。香山公园的游览主要以登山步道为主，香山公园的游览步道主要有三条，一般称为中线、北线和南线，具体而言，中线是指经香山饭店、西山晴雪碑，到达鬼见愁山顶，全程2744米，路宽平均4.2米，大概需要100分钟到达山顶，下山需要90分钟；北线主要经松林餐厅、见心斋、眼镜湖，大概需要60分钟到达鬼见愁山顶，返程大概需要50分钟，全长1350米，平均路宽4米；南线从东宫门南路经对瀑香山寺、香雾窟等到达山顶，大约需要150分钟，返程140分钟，全程4507米，平均路宽4米。根据调查发现，大部分游客因为交通问题，会原路返回，所以采取不完全步道法，按式（6－17）进行计算，根据《风景名胜区规划规范》（GB50298—1999）中关于线路法中对游人所占道路的平均面积为5—10平方米/人，而《自然保护区生态旅游规划技术规程》中对登山步道的标准为20平方米/人（或10平方米/人），综合两者的要求在此按10平方米/人进行计算。在游览线路中还有一条路线为索道游览，索道总全长1400米，共有97个吊椅，每个吊椅乘坐2人，开放时间从早8点到18点，累计10小时，缆车单程运行时间为18分钟，由于是循环路线，参照完全线路法以运力进行计算。碧云寺作为香山的主要景点，占地4万余平方米，单独收取门票，游玩全寺大概需要80分钟，根据《风景名胜区规划规范》（GB50298—1999）中对面积法计算容量的规定，主景点空间标准为50—100平方米/人，在此我们采用100平方米/人的标准，其中香山公园全年开放，春秋季（4月1日—6月30日，9月1日—11月15日）开放时间从6：00至18：30，夏季（7月1日—8月31日）开放时间从6：00至19：00，冬季（11月16日—3月31日）开放时间6：00至18：00，全年日均开放时间约12.4小时，游客人均停留时间约240分钟，具体计算见

表 7 - 7。

表 7 - 7　　　　　　　　　香山公园空间容量测算

景点	方法	空间规模	采用标准	周转率	日限制人数（人）
中线	不完全线路法	2744 米 × 4.2 米	10 平方米/人	3.9	2140
南线	不完全线路法	4507 米 × 4 米	10 平方米/人	2.6	2168
北线	不完全线路法	1350 米 × 4 米	10 平方米/人	6.7	1404
索道	完全线路法	1400 米	97 人/次	33.3	3230
碧云寺	面积法	40000 平方米	100 平方米/人	10.6	4240
合计					13182

经计算，我们可以得出香山公园森林文化资源的空间日限制总人数为 13182 人，全年香山公园空间森林文化资源空间容量为：

$$R = 13182 \times 365 \times 240 = 115474.4 （万分钟）$$

香山公园森林文化资源生态容量。在以往研究中往往通过分析旅游活动对土壤、水、空气、动物、植物等因素的影响程度来决定生态容量的大小。香山作为小区域旅游景区，游客对空气及水的环境压力较小，对环境造成的主要影响源自游客产生的垃圾，故本书将垃圾废弃物作为主要限制因子进行考虑。由于垃圾自然分解过程漫长，自然自净能力较弱，所以其容量主要取决于人工处理能力，对自然自净能力忽略不计。根据香山公园管理处提供的数据，香山公园有保洁人员 140 余名，在每年高峰期日处理垃圾可达 5 吨，但需要全员工作 15 个小时，已经超负荷运转。本书按每人工作 8 小时作为极限值进行计算，则每天最大处理垃圾能力为 2.67 吨，人均垃圾排放量参照《旅游与环境》中的统计游客每日产生的垃圾量 200g/（人·日），全年开放 365 天，人均停留时间为 240 分钟，按式（6 - 18）进行计算可得香山公园全年森林文化资源的生态承载时间容量为：

$$E = \frac{2670000}{200} \times 365 \times 240 = 116946 （万分钟）$$

香山公园森林文化资源经济发展容量。决定经济发展的因素有很多，一般会选用食品、水电气热、住宿、交通等作为主要因素，对于香山公园而言，本身建有水力设备和配电系统，同时依托北京强大的供应保障能力，水电气热基本不构成制约因素，香山有香山饭店、双林餐厅等处提供餐饮服务，但大部分游客会自带食品或者选择不在山上就餐，在实地调研中未发现饭店拥挤的情况，故也不将食品作为限制因素进行考虑，在住宿方面，游客基本选择当日往返，很少在山上住宿，并且香山公园交通较为方便，离市中心相对较近，除香山别墅等山上提供住宿，也可以选择周边及市区的宾馆酒店，所以住宿接纳能力基本不构成限制能力，因此本书将交通作为主要的限制因素进行考虑。在交通方面，根据调查，游客主要选择公共交通和私家车前往，在公共交通方面，香山地区运行的多条公交线路中，香山南路公交车流量高峰时段超过 281 辆/时，日运送旅客量可达 12000 人（金丽娟，2005），而私家车主要受限于停车位的限制，在香山及周边山上有 10 个停车场，其中两个停车场是私人开设，山上停车位合计 3507 个（翟伟，2016）；私家车按每车 5 人计算，可承载 17535 人，经计算可得：香山公园森林文化资源的经济发展容量为：

$$C = (12000 + 17535) \times 365 \times 240 = 258726.6 (万分钟)$$

香山公园森林文化资源时间承载容量。综合上述计算结果，根据式（6-9）可得香山公园的森林文化资源时间承载容量为：

$$T(t) = \min(R, E, C) = 115474.4 (万分钟)$$

二　香山公园森林文化力核算

根据前文分析，综合表 6-3 的森林文化力指标体系中的指标、表 6-23 森林文化力指标评价标准对香山公园的森林文化力进行打分，见表 7-8。

根据表 6-22 中的各指标权重及采用式（6-4）对香山公园的森林文化力进行计算，其计算结果如下：

美学价值 = 0.32 + 0.31 = 0.63

休闲游憩价值 = 0.66 + 0.2 = 0.82

康养价值 = 0.2 + 0.07 + 0.5239 = 0.79

科教价值 = 0.06 + 0.35 = 0.41

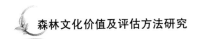
表7-8   香山公园森林文化力指数评分

评价内容	评价标准	评价对象情况	得分（分）
森林的景观构成	各类景观有机联系，互相补充和烘托，全部或其中一项景观具有极高的观赏价值，或者异常奇特，在其他地区极其罕见，在全国享有很高的知名度，10分；各类景观能够联系在一起的程度一般，全部或其中一项景观具有很高的观赏价值，或很奇特，在其他地区很罕见，在省级区域享有很高知名度，8分；各种景观相互孤立，不能联系在一起，全部或其中一项景观具有较高的观赏价值，或者比较奇特，在其他地区比较罕见，在地市级区域享有较高知名度，4分；景观数量较少，全部或其中一项景观具有一般观赏价值，具有独特性特点，在县级地区具有较高知名度，2分	香山公园红叶等自然景观和各类人文景观有机结合，自古便是皇家园林，尤其是香山红叶极负盛名。1986年，香山红叶就被评为"新北京十六景"之一，"西山晴雪"也是著名的京城八景之一	8
美学价值感受度	问卷形式获得游客评价的加权平均得分	通过对375份调查问卷统计，美学价值感受度平均得分7.7分	7.7
开放天数	240天/年≤开放天数，10分；150天/年≤开放天数＜240天/年，5分；开放天数＜150天/年，3分	全年开放365天	10
游憩满意度水平	问卷形式获得游客评价的加权平均得分	通过对375份调查问卷统计，美学价值感受度平均得分7.9分	7.9
森林覆盖率	森林覆盖率＜50%，3分；50%≤森林覆盖率＜60%，5分；60%≤森林覆盖率＜70%，7分；森林覆盖率≥70%，10分	香山公园森林覆盖率96%	10
负离子含量	负离子含量在50000个/立方厘米以上，10分；负离子含量在10000—50000个/立方厘米，8分；负离子含量在3000—10000个/立方厘米，4分；负离子含量在3000个/立方厘米及以下，2分	经测香山的负离子浓度全年平均760个/立方厘米，最高值为1200个/立方厘米	2

续表

评价内容	评价标准	评价对象情况	得分（分）
健身运动满意度	问卷形式获得游客评价的加权平均得分	通过对 375 份调查问卷统计，健身运动满意度平均得分 7.9 分	7.9
科研价值	在生态、环境、经济、文化等方面具有极高科研价值，作为国家级研究项目的研究地，或相关科研著作和论文很多，10 分；在生态、环境、经济、文化等方面具有较高科研价值，作为省部级研究项目的研究地，或相关科研著作和论文较多，6 分；在生态、环境、经济、文化等方面具有一般研究价值，相关科研著作和论文数量一般，3 分	香山公园是重要科研项目承载地，在承担众多科研项目中多次获奖，例如，《香山历史文化植物景观的研究和恢复》《香山寺遗址建筑清式木作复原考证课题》分获中心科技进步一等奖、三等奖（北京市），此外，还在古树保护、历史研究、生态保护、旅游经济等多个方面提供了研究对象，在中国知网上以北京香山公园为主题搜索，截至 2017 年 12 月涉及香山的期刊文章有 185 篇，硕博论文 17 篇	7
教育价值	国家级教育基地，或每年开展各类教育活动很多，10 分；省级教育基地，或每年开展各类教育活动较多，6 分；地市级	香山公园的双清别墅是全国爱国主义教育基地，每年接待预约团队参观上百次，2017 年开展科普活	10
教育价值	教育基地，或每年开展各类教育活动较少，3 分	动 20 次	10
古树名木	有国家知名古树名木，或古树名木数量众多，10 分；有省级知名古树名木，或古树名木较多，7 分；有地方知名古树名木，或古树名木数量较少，3 分	香山拥有一、二级古树 5800 余棵，其中一级古树 300 余棵，占北京近郊古树总数的 1/4，其中比较著名的有听法松、凤栖松、琼松塔影、九龙柏等	10
承载的历史事件	承载的历史事件具有世界意义，10 分；承载的历史事件具有全国意义，8 分；承载的历史事件具有省级意义，6 分；承载的历史事件具有地区意义，4 分	1949 年中共中央迁到北平，毛泽东主席暂时居住在双清别墅，在此指挥了渡江战役并筹备建国事项，见证了新中国的诞生，具有世界意义。此外，香山还见证了孙中山病逝、第二次鸦片战争及八国联军侵华等重要历史事件	10

续表

评价内容	评价标准	评价对象情况	得分（分）
文化古迹	具有世界影响力，或被列入国家级重点保护的，10分；具有全国影响力，或被列入省级文物保护的，8分；具有省级影响力，或被列入省级以下文物保护的，6分；具有区域影响力，一般文化古迹未列入保护的，4分	香山公园的碧云寺被列入第五批全国重点文物保护单位；双清别墅被列入北京市第二批文物保护单位；静宜园被列入北京市第三批文物保护单位；此外，还有香山寺、宗镜大昭之庙、洪光寺、见心斋、孙中山纪念堂、琉璃塔、玉华岫等重要文化古迹	10
宗教氛围感受	问卷形式获得游客评价的加权平均得分	通过对375份调查问卷统计，宗教氛围感受平均得分6.1分	6.1
相关文艺作品数量	同时或其中一项具有世界意义的艺术价值作品，或者艺术作品数量很多，10分；同时或其中一项具有全国意义的艺术价值作品，或者艺术作品数量较多，7分；同时或其中一项具有省级意义的艺术价值	根据《香山公园志》统计，其中描写香山的诗歌201首，散文35篇，各类相关书目28本，歌曲3首，牌匾94块，石刻53处，同时民国时期的香山慈幼院编发各类教材和	10
相关文艺作品数量	作品，或者艺术作品数量一般，4分；同时或其中一项具有地区意义的艺术价值作品，或者艺术作品数量较少，2分	图书50本，而传世的绘画作品有静宜园全图（清）、西郊图（清）、静宜园全图、北京西山全图、香山图等多幅	10
交通便利性	50公里内通铁路，在铁路干线上有中型或大型车站，客流量大，3分；50公里内通铁路但是客流量较小，2分；50公里内不通铁路，1分；国道或省道，公共交通车辆随时可达，4分，省道及以下，有较多公共交通可达，3分；有道路可达，公共交通较少，1分；在100公里内有国内航空港或150公里内有国际航空港，3分	香山公园在50公里内有北京站、北京西站、北京南站等多个大型火车站，100公里内有首都国际机场、北京南苑机场；在公路方面，共包含规划道路23条，但实现规划道路只有4条，其中城市快速路占3条，目前基础道路非常有限，尤其在红叶节高峰期很难满足需求，在公共交通方面有多条公共汽车线路可达，在2018年正式开通地铁线路	9

续表

评价内容	评价标准	评价对象情况	得分（分）
客源地情况	离省会城市（含省级市）小于 100 公里，或景区为中心半径 100 公里内有 100 万人口规模的城市，10 分；离省会城市（含省级市）100—200 公里，7 分；离省会城市（含省级市）超过 200 公里，4 分	香山公园位于北京市郊，离市中心仅 20 余公里，北京市作为全国首都，常住人口 2000 余万人，2016 年人均可支配收入达到 52530 元，人均生产总值 11.459 万元。2015 年，北京市接待入境旅游者 420 万人次	10
风景评级	国家级或 AAAAA 级，10 分，省部级或 AAAA 级，8 分，地市级或 AAA 级，6 分，区县级或 AA 级，4 分，A 级，2 分	AAAA 级	8
影响力	在世界范围内知名，或构成世界承认的名牌，10 分；在全国范围内知名，或构成全国性的名牌，8 分；在本省范围内知名，或构成省内的名牌，6 分；在本地区范围内知名，或构成本地区名牌，4 分	先后被评为首都文明单位、首批北京市精品公园、世界名山，具有世界范围内品牌价值	10

历史文化价值 = 0.289 + 0.579 + 0.289 = 1.16

宗教文艺价值 = 0.0448 + 0.289 = 0.34

地理区位 = 0.632 + 1.406 = 2.04

知名度 = 1.08 + 1.35 = 2.43

对森林文化力进行指数化计算可得出 $\alpha = \sum_{i=1}^{n} \beta_i B_i = 0.86$。

可见对香山森林文化力评价中，香山的地理区位、知名度及历史文化价值等对其森林文化价值实现的影响较大，而科教价值及宗教文艺价值的影响则相对较小。

三 香山公园森林文化价值的森林文化币核算结果及分析

香山公园森林文化价值量。经过上述计算我们可得出森林文化资源承载容量 $T(t)$ 为 115474.4 万分钟，森林文化力 α 为 0.86，根据香山管理处统计数据和调查问卷结果，2016 年香山公园的游客总量 P 为 499.8 万人次，人均停留时间 t 为 240 分钟，年度总停留时间为

119952 万分钟，香山公园的面积 A 为 188 公顷。

　　为了方便计算，我们将森林文化币流量模型中流量价值计算为全年旅游人数和每人平均消耗时间的乘积，香山公园的森林文化资本的流量价值为 $F(t) = \dfrac{Pt}{A} = 638.04$（万森林文化币）。

　　在森林文化力条件下的拓展模型下，其森林文化价值量为：

$F_c(t) = (1 + \alpha) F(t) = (1 + 0.86) \times 638.04 = 1186.75$（万森林文化币）

　　但在环境承载容量约束条件下，2016 年香山公园发生的实际消费时间为 119952 万分钟，超出承载容量 3.9%，我们将超过数量在 10% 以内的衰减系数设定为 0.1，那么香山公园在环境承载容量约束条件下其价值量为 $F_e(t) = (1 + 0.86) \times 115474.4 + (1 + 0.86)(1 - 0.1)(119952 - 115474.4)/188 = 1182.32$（万森林文化币）。

　　在这一计算结果中我们可以看出香山公园的服务时间已经超过了香山公园的承载容量，是通过透支的森林文化资源质量的方式来实现服务价值，这一结果在短时间内由于香山公园文化资源的相对唯一性可能依然会在服务时间上保持增长，但从长期来看可能会对森林文化资源产生不可逆转的伤害，从而最终影响整体文化价值，不利于对森林文化资源的可持续利用。即便近年香山公园的游客量一直保持着增长态势，但在问卷调查过程中，尤其是在每年 9—11 月的问卷显示超过半数的人表示过于拥挤，严重影响了文化价值感知，对交通、基础设施等表示不满意，重游意愿较低。这需要公园管理方在今后的运营中，注意固有价值的维护，采用高峰限流等方式控制客流量，避免超过公园的承载量。

　　森林文化币核算与货币化核算比较。在以往研究中，金丽娟（2005）采用旅行费用法对香山公园使用价值的估算价值为 11.72 亿元，采用 CVM 方法对香山公园非使用价值的估算价值为 1.89 亿元，其中人均支付意愿为 29.05 元，2004 年的游客量为 360 万人次，人均停留时间为 4 小时；成程（2014）采用同样的方法计算香山公园使用价值为 19.25 亿元，非使用价值为 3.46 亿元，其中人均支付意愿为

44.5 元，当时使用的游客数据为 499 万人次。

为了方便和以前研究进行比较，我们可以根据人均工资水平对时间进行赋值计算。香山公园文化价值森林文化币计算中时间衡量尺度为 1999.2 万小时。由于游客主要来自北京地区，所以根据北京市人社局和统计局 2016 年的统计数据，北京平均月工资为 7706 元，按每人每月工作 176 小时计算，则每小时的人均工资为 43.78 元。那么根据香山公园森林文化价值评估中时间计算，其价值为 8.75 亿元。

这一计算方法虽然相对简单，在精确性方面也可能存在争议，但这不是本书的估算目的，主要用于计算结果和货币化衡量的比较，与以往货币结果比较，发现存在差别，尤其是与 2012 年的计算结果相比，在游客量相似的情况下存在明显差距，说明计算方法的不同可能导致核算结果的显著差异。

但在以往货币化的评估中即便是采用同一方法对同一区域的价值评估也有着显著的差异，这一方面由于评估时间不同，从而导致的基础数据不同和人们支付意愿差异，比如 2004 年香山游客调研数据显示，收入在 3500 元以上占比 10%，而到 2012 年则超过了 49%，支付意愿也有了显著提升；另一方面从侧面反映了货币化的评估方法在人们支付意愿和相关价格数据的获取上存在不稳定性，例如，从 2004 年到 2012 年游客量上升了 38.6%，支付意愿同比上涨了 53.4%，但价值总量却同比增长了 66.9%，所以很多学者认为人们是否能够准确地用货币价格反映自己的主观意愿存在争议，以货币价格的形式对文化价值进行核算是不科学的（思罗斯比，2011；Bryce，2016）。但如果以森林文化币模型进行核算（由于缺乏往年的森林文化力指标体系的相关数据，所以在此采用简单模型进行比较），按以往研究数据，2004 年香山的森林文化价值为 459.57 万森林文化币，成程研究中的香山森林文化价值量为 637.02 万森林文化币，保持着和游客量的同步增长，价值具有相对稳定性，可以避免通货膨胀及人主观意愿的变化导致的误差。

四 香山公园森林文化价值利用存在的问题及建议

（一）香山公园森林文化价值利用存在的问题

森林文化价值群众知晓度不均衡。香山公园以红叶闻名，但也导致人们提到香山只会想到红叶，而对香山公园的其他文化价值知之不详，甚至完全不知，例如，在调查中游客对香山公园的寺院、文艺作品的知晓度都不高，甚至很多人表示到了香山才知道双清别墅和孙中山纪念堂等相关历史事件。

森林文化价值展现存在季节性差异。香山公园的游客存在严重的季节不平衡，游人大量集中在每年9—11月，主要以观赏红叶为主。过多的游人不仅超过公园的承载力，而且影响人们森林文化价值的感知，在调查过程中每年9—11月人们游园的满意度不足60%，不满意的原因主要集中在交通拥挤、游园人数过多、基础设施不足等方面。而其他季节游客就相对较少，可能造成资源的闲置浪费。

森林文化价值资源有待进一步整合。森林文化价值的感知是一个综合感受，层次越多、内涵越丰富越有助于满足人的精神需求。香山公园拥有丰富的森林文化价值资源，但是目前香山主要发挥功能是美学、游憩休闲及历史文化价值，而对其他文化价值内容感知度相对较低，森林文化价值资源的整合度不够，整体优势没有得到充分发挥。

森林文化价值的宣传力度需要进一步加强。香山公园对外宣传相对滞后，宣传手段和内容创新性不足。虽然已经开通了微博、微信公众号等自媒体，但是尚停留在信息发布平台的作用，没有形成良好的互动，关注度比较低，例如，2018年香山公园的官方微博粉丝量仅10000多人，公众号的大部分文章点击量不超过2000人次。在调查中显示，只有不足3%的人知道香山的微信公众号和微博，15.1%的人浏览过香山的官网，28.5%的人在电视报刊上看到过香山介绍，48.1%的人从未看到过香山的宣传，主要是朋友家人介绍，所以导致人们对香山认知存在片面性，对森林文化价值的认识不全面。

（二）香山公园森林文化价值对策建议

一是差异化管理。针对游客量季节性的差异，采取不同的运营模式，在每年的游览旺季尤其是红叶观赏季，公园管理方要考虑到公园的环境容量，实行限流措施，采取网上预约制，超过环境承载量停售当天门票，利用自媒体和官网，实时发布游客数量，提示游客错峰游览。游览淡季，通过增加森林音乐会、森林运动会等各种文化主题活动，推出优惠月卡等形式鼓励人们来香山健身、游憩休闲；同时加大和科研机构、学校的合作力度，将香山作为重要的科研基地和第二课堂，扩大香山森林文化资源的利用率。

二是加大宣传力度。不仅要依靠传统的媒体效用，更应重视新媒体的运用。随着移动互联网的快速发展，当前网民呈现年轻化、时间碎片化、喜好娱乐化的特点，要充分依托香山丰富的森林文化资源，有效整合微信、微博、官网、游记网站等各大宣传平台，增强宣传活动的互动性。以更网络化的语言，结合热点事件，借鉴故宫"网红"成功的案例，以更有创意的方式将香山的森林文化展现给观众。

三是深挖森林文化价值资源潜力。整理香山公园宗教历史故事传说，通过漫画、动画等让人喜闻乐见的形式，借助互联网等多种渠道，扩大传播范围，使受众更好地感受香山的宗教氛围和历史厚度。优化解说系统，使解说牌和展板更具趣味性，设置电子解说二维码，将香山相关文艺作品和森林景观及音乐有机结合，在游览过程中文景交汇，加深对香山森林文化的理解。

第四节　本章小结

本章主要通过对香山公园的实证研究来验证森林文化币对森林文化价值计算的可用性，通过计算得出香山公园在环境承载容量约束下的森林文化价值为1182.32万森林文化币，这一结果说明人们对森林文化价值需求很大，人们在香山进行了大量的时间消费，但是同时结果显示人们消费的时间已经超出了森林文化资源时间承载容量，说明游客有超载现象，存在对森林文化资源的透支，不利于可持续的发展。根据闲暇和工资收入的关系，采用平均小时工资作为桥梁，对森林文化币核算结果进行了货币化的探索,同时对以往评价利用森林文化币的简单核算模型进行了重新计算和比较,结果表明以森林文化币作为计量单位其稳定性和可靠性更高。同时针对森林文化价值群众知晓度不均衡,森林文化价值展现存在季节性差异。

第八章

讨论和建议

第一节　研究结论

　　本书在厘清森林文化价值边界的基础上，对现有森林文化价值评估方法的比较下，针对森林文化价值非物质化的特点，认为森林文化价值评估不应以货币化的评估方法进行评价，而应建立在森林文化价值理解的基础上在文化尺度下进行评估，并就此提出了森林文化币概念和核算方法，并通过香山公园进行了实证研究测定该方法的有效性。具体而言主要有以下结论：

　　（1）森林文化价值是在森林环境中通过人与森林的互动，使人获得非物质层面上的满足。其价值量的大小可以通过"共生时间"来衡量。具体而言包括森林美学价值、森林休闲游憩价值、森林科教价值、森林康养价值、森林历史价值、森林宗教艺术价值六个方面，并且具有满足人感官需求、认知需求及情感需求多层次需求的能力。

　　（2）现有对森林文化价值的衡量价值尺度主要包括货币化和指数化两个尺度，其中货币化尺度的衡量方法主要借助于环境经济学的相关评价方法，通过单独或者综合利用替代市场、假设市场、直接市场等方式试图对森林文化价值进行评价，但一方面由于信息不对称、公共物品、"搭便车"等问题使价格体系存在缺陷；另一方面由于森林文化价值的非物质化、非排他性、多层次性等特点，使其替代困难、调查意愿存在误差，所以货币评估存在难度；指数化的衡量方法主要借助于指标体系的设置对森林文化价值进行评价，但是存在指标体系的全面性及可监测性的局限，并且对森林文化价值量化区分不明显，所以需要一个更符合森林文化价值的衡量价值尺度，因此提出了森林文化币的概念。

（3）基于偏好及效用等理论，人们会根据偏好，将时间进行合理分配，因此可以通过"用脚投票"的方式将时间消费在给自己带来最高效用的森林，因此将时间作为森林文化币单位的重要变量。同时为了消除空间对时间消费的影响，将空间面积作为文化币单位的一个变量进行考虑，将1单位森林文化币定义为1分钟/公顷，并对影响森林文化币形成的动力机制从需求动力、资源引力、经营中介及政府支持四个维度进行论述，明确了影响森林文化币产出的动力因子。

（4）研究基于森林文化币概念，提出了森林文化资本的概念，将分散的价值核算综合为森林文化资本流量的核算。在此基础上建立起森林文化币简单核算模型，通过计算森林全年提供给人时间消费总量来实现对森林文化价值的衡量；为了消除区域、文化价值多层次等影响，提出了森林文化力条件下的流量拓展模型，通过引入森林文化资源质量、区位及知名度等8个1级指标、18个2级指标的森林文化力指标体系对简单核算模型进行修正，并进一步建立起承载容量限制条件下的流量模型，通过衰减系数的设定来消除超载情况下森林文化价值偏差。

（5）通过问卷调查、实地调研等方式获得数据，以森林文化币为衡量工具对香山公园2016年的森林文化价值量进行计算，结果显示森林文化币简单流量模型下森林文化价值量为638.04万森林文化币，在森林文化力条件下的拓展模型下，其森林文化价值量为1186.75万森林文化币，加入承载容量约束条件后森林文化价值量调整为1182.32万森林文化币，说明香山公园存在一定的超载现象。同时通过货币和森林文化币的方式对比以往研究的结果，认为森林文化币在评价中更具稳定性和可靠性。

第二节　讨论

一　创新点

（1）目前国内外学者对森林文化价值的界定及内容尚未形成统一的共识，本书对森林文化价值的概念及范围做了相关界定，从理论上初步厘清了森林文化价值边界。

（2）在对森林文化价值评估中提出了新的价值尺度——森林文化币的概念，以时间和空间作为单位尺度，避免货币尺度和指数尺度下的相关缺陷，为森林文化价值的比较提供一种新的工具。虽然理论尚不成熟，但为今后的研究提供了不同的角度。

（3）由于森林文化价值包含美学价值、康养价值、历史价值等多种价值，为了更加准确地计算，进一步提出了森林文化资本的概念，将多种价值融合为能够提供文化价值输出的有形资本和无形资本，使森林文化价值在核算体系上与森林生态价值、经济价值等核算体系建立概念联系；提出了具体的核算方法，并引入了森林文化力概念和环境承载容量限制条件，使森林文化币核算更具有效性。

二　研究的不足

森林文化币的提出虽然针对森林文化价值特点，在文化尺度内对其评价做出了初步探索，但研究还存在以下问题：

（1）对森林文化力指数指标的设定可能尚不足以全面覆盖森林文化价值实现的全部因子，在调查中由于主要通过问卷形式，受访者对森林文化价值的理解可能存在偏差，研究结果属于初步的估值。

（2）森林文化币核算模型未将人口统计特征、地域、教育程度、收入水平等因素纳入模型，没有形成一个具有说服力的数学模型，需要进一步进行深化研究。

（3）森林文化资本存量模型目前只是一个简单概念模型，由于本书将森林文化价值的评价设定为对森林文化资本流量价值的核算，同时由于数据不全等原因没有在案例中以森林文化币为价值尺度对森林文化资本存量价值进行核算，在今后的研究中需要进一步强化。

（4）在环境容量约束条件下的流量模型中衰减系数的设定为人为设定，缺乏相关数学函数的支持，需要在今后研究中引入更具说服力的计算方法。

尽管研究中存在诸多不足之处，但在今后的研究中可以此为基础，针对森林文化价值的特点提出更适用的评价方法，以期更好地对森林文化价值量进行评估。

三　未来展望

上文已经主要探讨了森林文化币作为一种价值尺度对森林文化价值进行衡量，在未来森林文化币应用可以逐渐向更多功能扩展，成为推动森林文化价值发挥的重要手段。在探索森林文化币运用机制上可以从以下几个方面入手：

（1）成立专门的森林文化币发行机构，引进权威机构主要负责对森林文化币的核定和发放。通过专门机制将森林公园及各森林旅游区域纳入评估体系，建立全国或区域森林公园、湿地公园、自然保护区等主要供应主体及相关服务企业组成的森林文化币联盟，估算出各自的森林文化币储量及可供应市场数量，可按一定比例兑换门票、餐饮、住宿、交通等优惠券，在联盟内部可以通用，也可以通过高文化价值森林附送低文化价值森林游览门票的方式，来盘活整体森林文化价值。

（2）拓展森林文化币的供应方。森林文化币的供应方主要是企业和发行机构，企业可以通过植树造林、赞助森林文化传播和森林文化地建设、直接购买等方式从发行机构获得森林文化币，并将这些森林文化币提供给个人，在企业提供的森林文化币上会体现企业的具体信息，提升企业社会认可度，并将企业的森林文化币数量纳入全国生态文化示范企业的评选指标中。

（3）深挖森林文化币的需求方。森林文化币的需求方主要是个人，个人可以使用森林文化币在森林文化价值消费时获得一定程度的优惠和减免，需求方可以通过专门森林文化币网络平台完成相关任务来获得，可以根据自己的绿色出行数据、到森林的次数及消费时长、在相关网站及 App 发布的森林游记、摄影作品、认领树木、参加植树、学习相关生态文明及森林文化知识的时长等方式来获得森林文化币奖励，同时消费者可以通过捐赠文化币的方式实现在荒漠化治理等森林活动中实现树木认领。

（4）建立专门的森林文化币交易平台。企业和个人在平台注册个人账户，企业通过相关绿色任务来获得森林文化币并将其投放到平台上，同时发行机构在平台上设置各类森林文化价值任务来投放森林文化币，个人将运动数据、绿色消费、森林文化价值传播行为等上传平台，根据平台规定获得相应奖励，同时为了增加趣味性可以参照蚂蚁森林或偷菜游戏，允许好友之间可以相互偷取文化币，从而促进森林文化币的用户黏性。在平台上供给方通过投放森林文化币提升企业影响力，发行方对森林文化价值传播和绿色消费行为进行鼓励，需求方则获得消费优惠及森林文化价值的获得感。

第三节　意见和建议

森林文化价值的作用发挥，关乎人民的生态福祉的提升。提升森林文化价值其核心是运用人与自然和谐共生的理念，通过全面增强森林美学价值、游憩休闲价值、康养价值、科学教育价值、历史文化价值，让人们更多地走近森林，感受森林，使人与森林和谐共生的有效时间增加。森林文化价值的高低受到公众的主观需求及森林本身的区位、经营水平及资源禀赋等因素的影响，因此要因地制宜，发挥森林的资源禀赋，提升经营管理水平及扩大森林文化理念传播，全方位地提升森林文化价值。

一　强化评估监测，明晰建设方向

如何建设森林文化价值的及时监测与准确评估，是价值提升的认知前提。通过科学的评价方法对每块森林进行量化分级，测定森林文化价值含量，判断其文化价值发挥的优势和劣势，从而有针对性地进行改进。本书引进了森林文化币的概念，将人与森林和谐共生的时间和森林文化力评价指标体系结合，将动态评估和静态评估结合起来，既考虑人对森林的主观感受，也根据各类森林文化价值评价标准对其客观条件进行衡量，从而实现不同区域不同类型的森林文化价值比较。但这评估体系是建立在对游客数量和停留时间的科学统计基础上，因此建议各森林公园、自然保护区、森林文化教育基地、森林康养基地等涉及森林文化价值作用发挥的森林，需要建立游客数量和停留时间的观测数据，从而实现对各森林模块的文化价值量的科学统计，从而推动森林的多种功能协调发展。

二 科学经营管理，提升森林美学价值

森林不仅是一种自然美，还是一种社会美。人不仅欣赏森林之美，还在创造森林美。正如德国林学家柯塔（H. Cotta，1763—1844）所说："森林经营一半是技术，一半是艺术。"而其弟子冯·萨里休（V. Salisch，1846—1920）在《森林美学》中对森林经营就是创造美进行了系统论述，从此确立了森林美学在林学中的地位。森林文化的功能之一便是为这种美的创造提供智力支持，使林业工作者让森林的美为普通大众所接受和欣赏，让祖国的河山"无山不绿，有水皆清"。具体而言可以从以下几个方面着手：

（1）遵循科学的美学原理，通过合理营造森林来发挥森林的美学价值。森林美的创造是一门科学的艺术，这就意味着它不仅是艺术创造，同时也是人的科学创造。任何科学的发展都要求人们根据其内在规律而进行安排，对森林美而言就是要充分认识森林的内在规律，在客观规律的指引下进行美的创造。在森林美的创造过程中要注意根据森林的不同类型采取不同的美化措施，不能"一刀切"，教条主义，而要具体问题具体分析。首先，根据森林主要功能进行设计，以经济功能为核心的森林，要充分发挥其经济效益，同时兼顾美的效益，对于以休闲功能为主要功能的森林，则在顺应森林的自身规律、保持森林特有的自然面貌的基础上，根据游览要求，建立理想化的森林美，兼顾经济效益。其次，森林美化过程中要以开发森林的自然美为主，尽量减少建筑物和构筑物，其主要设施的构建应当考虑到与森林景观的色彩相协调，同时采用的材料的材质也要和森林融为一体。以保证

发挥森林特有的壮观、沉静、野趣等自然面貌。最后，在设计过程中要充分考虑到人的因素，关注不同人群的不同需求。例如，不同人群由于文化传统的不同对森林的态度也不同。有的人喜欢森林旅游，认为森林本身便是极好的景观；有些人却以人文景观著称的名胜古迹作为游览的兴趣中心。这就要注意发掘森林中有价值的人文景观、古树名木、神话传说等以吸引游人。

（2）加强森林美学的教育，提高人们森林审美的素养。森林美能够受到更多人的欣赏，这需要提高人们的审美素养，而通过家庭、学校、社会的全方位的教育，可以有效提升人们的审美素养。具体而言，在家庭方面，作为社会的基本单元，对孩子的启蒙起着至关重要的作用，因此森林美学教育中起着很重要的作用。家庭应当有意识培养孩子们的审美素养，通过言行使孩子热爱自然，喜欢森林，更重要的是带着孩子进入森林感受大自然的美、森林的美，在与森林的接触中提升自己的审美概念。在学校方面，作为专业的教育机构，大部分人的学习生涯更多是在学校中完成的，所以学校应当在这其中起着更大的作用，学校可以通过开设专门的课程，使对森林的审美成为必修课程之一，同时要安排学生进入森林，进行具体实践，观察森林，了解生态体系，从课本到实践，刻意地引导学生向真善美靠拢，提高自己的思想道德素养。在社会方面，每个人都是社会的一部分，所以人们都受着社会的影响，所以社会应当担负起引导作用，一方面，加强对森林公园等基础设施建设，使人们有可以接受森林审美的基地，另一方面要充分利用报纸杂志、网络电视等媒体，加强宣传，使人们了解森林，热爱自然，自觉地参与到森林美的欣赏乃至创造中去。

（3）加强森林美学人才队伍建设。森林美学功能的充分发挥，需要培养一批具有较高素养的人才。当前森林美学的专业人才队伍还很欠缺，例如，我们在森林公园中，会发现很多工作人员并不能完全胜任其工作需求，对一些专业知识的解答还存在不足的地方。所以我们在今后的工作中应采取鼓励、引导、政策支持等措施，加快对此类人才培养，尽快建立结构合理、素质较高的人才队伍。同时虽然在森林美学的认识上已经形成初步的体系，但是还缺乏深入的研究，没有形

173

成相关学科的完备知识体系，所以应该加大对相关人才的培养和投入，尽快形成专门的知识体系，为此类功能的发挥提供基本的规划原则和评估体系。

三　贴近群众需求，发展森林康养产业

（1）制定森林康养的国家统一标准。为了更好地推动森林康养产业发展，政府及相关机构应该统一森林康养建设的标准，推行全国统一的基地评选。成立专门的研究协会，加大对森林保健功能的科学研究，从而为制定出详细的森林康养基地评价标准提供理论依据，具体而言，可以从自然客观条件及后期设施和管理条件两个大方面入手，也可以借鉴别的国家的经验，例如，日本在这个方面已经有一套自己的标准。

（2）打造森林康养价值发挥的科学模式。政府应该在森林康养产业开发和利用中占主导地位，不仅要通过资金的投入，加大对森林康养基地的基础设施的建设，为森林康养价值的发挥提供基本的场所。在实际开发中，政府要积极地引导，运用政府的强制力规范森林康养产品开发和运用，通过科学完善的开发体系和运营体系，并出台相关的政策为森林康养价值的发挥提供基本保障。加强对学术界的引导，整合医学界、林学界、心理学界等多学科的资源，并引进市场化的运营模式，形成政府主导、学商联动的产业模式。政府提供政策支持，学术界以其研究成果，指导具体森林康养规则的制定，配套设施的完善，康养产品的形成，而企业通过市场化运作，降低成本，增加就业，促进经济发展，以期不仅充分利用森林公园等森林资源，发挥森林的康养功能减少一些疾病的发病率、降低国民医疗费用，同时也可以形成完善的产业链条，形成新的经济增长点。

（3）提高公众对森林康养的认知度。当前人们对森林康养价值的认识尚未深入，因此要将传统媒体和新媒体相结合，拓宽宣传渠道，使更多的群众了解森林康养。利用融媒体技术，不断更新相关知识和基地的介绍，同时注意内容的推送和网站的推广，让人们很容易搜索到相关链接。主流电视台可以在相关新闻或者专门板块介绍森林康养，形成专门的杂志和相关的报纸宣传，充分利用多种手段向群众宣

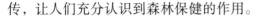

传，让人们充分认识到森林保健的作用。

（4）重视森林康养专业人才培养。疗养需要专业的人，也需要专业的行为，近年来，我国形成了一批森林康养基地，但基地内的相关工作人员缺乏专业的指导和培训，相关路线和项目也并不明晰，而在这些具体操作细节方面日本做得很好，可以考虑参考借鉴，比如日本在场地建设和管理上，日本有专门的指导意见和行业标准，在项目选择上，有各种疗法相互配合，在运动浴和睡浴的基础上，引进日本的五感疗法、药膳料理、健康小检查等项目；在步道设计上，其宽度、长度、坡度等也都有专门的标准，而在设计方面必须持有相关职业资格的人才能参与。所以我国应该加大对专业人才的培养和选拔，形成专门森林保健师的行业准入，同时政府应当支持各类森林康养学会的官方和民间组织的成立，通过彼此间学术研究，开展各类研讨会，分享成果，促进专业的发展。

四 重视科普教育，培养人林共生习俗

（1）发挥政府主导作用。森林公园等森林科普基地作为公共产品，很难让市场自主发挥作用，需要国家统一协调进行安排，从而将森林生态资源、日常教学、群众科普等多种功能融合，发挥其多种作用。

（2）挖掘森林的教育资源。一方面森林公园规划建设的过程中，要把森林文化功能发挥作为森林公园总体规划的重要内容，根据森林公园的不同特点，挖掘其教育资源，使其在规划建设中刻意添加文化元素和科普因素，提高生物多样性，为发挥其教育功能提供可行性。另一方面森林公园要加强基础设施建设，例如，增强对森林（自然）博物馆、标本馆、游客中心、解说步道等基础设施的建设生态，进一步完善生态文化配套设施。为人们了解森林、认识生态、探索自然提供良好的场所和条件。

（3）多模式发挥森林的教育科普功能。以森林作为载体，充分挖掘其文化价值，通过形式多样的活动使各阶层的社会群体都能在森林中获得相关知识。通过举办各种关于森林的展览活动扩大科普教育的影响力，比如野生动植物保护成果展、生态摄影展、文艺家采风等活动；也可以通过更多的生态文化相关的文艺作品让人们更深刻地了解森林的相关知识，从而更向往参与到森林的教育中来，比如大型系列专题片《森林之歌》《园林》《极致中国》等越来越多的优秀作品吸引更多群众关注自然教育。除了充分发挥传统媒体的传播功能外，还要充分利用网络电视等多种手段。通过多种节庆活动，广泛地宣传生态文化知识。继续开展已有的植树节、湿地日、世界防治荒漠化与干旱日、爱鸟周等纪念活动的同时，挖掘开发诸如森林文化节、湿地文化节、竹文化节、香榧文化节、银杏文化节、杨梅文化节、观鸟节、花卉博览会、林特产品博览会等活动。并对群体性的参观提供支持条件，尤其针对中小学生集体参观要酌情减免门票，有条件的提倡免费向青少年开放。

五　保护古树名木，增强历史文化功能

古树名木自身不仅承载着悠久的生态历史，同时也蕴含着丰富的文化气息。如孔子手植桧、泰山的五大夫松，不仅表达着树木强盛的生命力，同时也体现着古人对树木的热爱和具体的历史事件相关联。因此要注意古树名木的养护，保护历史遗迹的同时，栽种品种相近的树种，促进历史文化林的产生和培育，注意挖掘古树名木的历史文化内涵，同时不断记录发展和演化，形成特有的古树名木文化。

六　发挥区域优势，构建森林文化城市

一是要以科学理论为指导，合理进行城市森林规划。我国以前城市建设更多的是沿袭了工业时代的模式，先修建建筑物，再对城市空地进行绿化，没有形成科学合理的，有生态学、园林学等专业指导，符合人们生产生活需要的城市森林。由于我国的城市森林建设处于刚刚起步时期，缺乏相关的理论支持和技术支持，人们的观念停留在填补式的绿化模式上，但当前我国的城市森林理论研究已经有很大的发展，森林城市群理论也日渐成熟，如果继续沿用传统的绿化模式，会不利于森林文化价值的有效发挥。因此，当前我国城市森林的规划应该是基于现实要求和长远的需要为依据而进行超前规划，这样可以尽可能地协调建筑用地和绿化用地之间的矛盾。

二是加强城市文化生态内涵，森林与城市文化相结合。当前我国城市森林化意识越来越强，人们越来越意识到城市森林在城市发展中的重要性，然而有些城市为了尽快达到绿化目的，盲目地抄袭欧美城市建设的经验完全忽略自身的优势，导致我国城市森林建设单一化，甚至大量采用外来树种，抛弃了自身城市所具有的特点和本土树种。鉴于中国的大多城市有着悠久的历史，而这种历史过程中形成了自己的文化生态模式。因此在城市森林建设中要把天地自然和城市历史文化进行结合，这就要求在城市绿化建设中充分考虑人们的需求，将自然元素和历史元素相结合，使森林公园、城市绿化带、名胜古迹和社区公园完美结合形成具有自己城市文化特色的大园林城市。

三是遵循以人为本原则，建设理想人居家园。随着城市化进度不断加快，城市成了人们的主要居住地方。由于我国近几年的城市发展过快，从而使绿化建设远远落后于城市建设，导致城市绿化总量不足，整体质量不高，社区小公园小绿地不能满足人们的需求，城市绿化养护管理水平较低等问题。基于此，我们应当在城市森林建设中充分考虑到要有人情味、文化性、教育性和舒适性，既要满足生态绿化的需要，又要满足人们娱乐、休闲的需要。同时在城市建设中要将水网建设和林网建设相结合，在建设中遵循因地制宜的原则，尊重自然，让人们在城市中恍若生活在自然中，让人感到虽为人做，却宛若天成的效果。从而为人们提供一个舒适健康的生产生活环境。

七　创新发展模式，共建共享优化产业体系

当前人们已经不满足于观光游览等单一森林文化价值提供方式，对森林文化价值要求更加多样化，追求多感官刺激、文化体悟、震撼心灵的复合文化价值体验。这要求我们转变经营理念，按照供给侧改革的相关要求，由粗放型经营向精细化运作转变。根据市场需求深挖文化内涵，为消费者提供更高品质的森林文化价值服务和产品，精准细分市场，加快森林浴场、森林游憩、森林教育等多种森林文化产业的布局和发展，打造融合森林康养、科普教育、文艺演出、娱乐休闲、文化创意产品等多重价值的森林文化价值综合体和广为人知的行业品牌，形成对消费者持久的吸引力。

森林文化价值的发展离不开服务企业的支持和当地基础设施的保

障，所以森林文化价值发展要依托区域发展为前提，统一规划，整合多方资源，与周边旅游、住宿、餐饮、运输等行业形成良性互动，使整个产业体系上的企业和当地居民共享发展利益，形成高效的产业集群，为森林文化价值发展提供良好的社会环境。

森林文化价值的发展仅仅依赖市场是无法实现的，必须在政府的支持下才能健康发展。一是要确保必要的财政支持，森林文化价值的开发利用建设周期比较长，需要政府对森林文化价值开发及配套设施的建设提供相关财政补贴及资金支持；二是提供必要政策法规保障，当前由于缺乏相关法律规定，所以森林文化资源极易遭到破坏，因此要加快推进法律法规的建设，对破坏森林文化资源和不文明的游憩行为进行严厉打击，将其纳入征信体系，联合多个部门进行联合惩戒，形成有效的法律威慑力。只有在政府指导调控下才能为森林文化价值发展提供体制保障。

附　录

附录 A　北京香山公园游客调查问卷

先生/女士：您好！

我是中国林业科学研究院的博士研究生，本次调查将仅用于森林文化价值的科学研究，请您放心填写，谢谢您的配合。

关于您的基本情况

1. 性别：

A. 男   B. 女

2. 现居地：

A. 北京市　　　区   B. 外省市　　　省/市

3. 年龄：

A. 14 岁及以下   B. 15—24 岁

C. 25—44 岁   D. 45—64 岁

E. 65 岁及以上

4. 您的职业：

A. 公务员   B. 企事业单位管理人员

C. 公司职员   D. 医护人员

E. 私营业士   F. 服务及销售人员

G. 军人警察   H. 学生

I. 农民   J. 离退休人员

K. 工人   L. 高校教师研究人员

5. 教育程度：

A. 初中及以下   B. 高中或中专

C. 大专   D. 本科

E. 硕士及以上

请您协助回答以下问题

6. 您最近到香山公园的时间是：

A. 一年及以上   B. 一年以内

C. 半年以内   D. 三个月以内

E. 一个月以内   F. 一周以内

7. 您到访香山公园的次数：

A. 曾经来过，两三年一次   B. 一年 1—2 次

C. 一年 3—5 次   D. 一年 6—8 次

E. 一年 8 次以上

8. 您每次在香山公园的停留时间为   小时。

9. 您一般到达香山公园的出行方式是：

A. 步行   B. 自行车

C. 公共交通   D. 出租车

E. 私家车

10. 您到香山公园的出行结伴方式是（可多选）：

A. 参加旅行社   B. 同家人出游

C. 同好友一起   D. 集体组织

E. 单独一人

11. 您来到香山公园的主要原因是（可多选）：

A. 摄影写生   B. 教育科研

C. 参观古迹   D. 增进人际关系

E. 放松身心   F. 宗教活动

G. 文艺作品介绍   H. 野餐宿营

I. 欣赏美景   J. 锻炼身体

12. 您对香山的了解主要通过什么渠道（可多选）：

A. 电视报刊   B. 香山官网

C. 香山微博及公众号　　　　　　D. 家人及朋友介绍

13. 请您按在公园中的感受在 1—10 打分：

项目	1	2	3	4	5	6	7	8	9	10
美学价值										
康养价值										
游憩休闲价值										
历史文化价值										
宗教艺术价值										
科学教育价值										
交通情况										
基础设施情况										
知名度										

14. 您对植物园建设有何建议？

附录 B　森林文化力指数专家调查问卷

尊敬的专家：

您好！我是中国林业科学研究院科信所的博士研究生宋军卫，目前正在进行关于森林文化价值评估方面的毕业论文研究，现在需要收集该领域的专家意见，以便对森林文化价值实现的各要素的相对重要性进行研究，不知可否占用您几分钟的时间，对下列要素进行赋权打分。如有冒昧打扰敬请见谅，再次对您的帮助和支持表示万分感谢。

说明：请将表格中行列各项指标的重要性进行比较，按重要程度从 1 到 9 进行打分，或者按倒数予以打分，具体说明详见"判断标度及其含义说明"。

判断标度及其含义说明	
1	表示行各项指标与列各项指标具有同等重要性
3	表示行各项指标比列各项指标稍微重要
5	表示行各项指标比列各项指标明显重要
7	表示行各项指标比列各项指标强烈重要
9	表示行各项指标比列各项指标极端重要
2、4、6、8	分别表示相邻标度的中值
倒数	为上述数字的倒数

森林文化力 B 层各项指标的权重判断

	美学价值 B1	休闲游憩价值 B2	康养价值 B3	科教价值 B4	历史价值 B5	宗教艺术价值 B6	地理区位 B7	知名度 B8
美学价值 B1								
休闲游憩价值 B2								
康养价值 B3								
科教价值 B4								
历史价值 B5								
宗教艺术价值 B6								
地理区位 B7								
知名度 B8								

B1 层美学价值各项指标权重判断

美学价值 B1	森林景观构成 C1
美学价值感受度 C2	

B2 层休闲游憩价值各项指标权重判断

休闲游憩价值 B2	适游天数 C3
游憩满意度水平 C4	

B3 层康养价值各项指标权重判断

康养价值 B3	森林覆盖率 C5	负离子含量 C6	健身运动满意度 C7
森林覆盖率 C5			
负离子含量 C6			
健身运动满意度 C7			

B4 层科教价值各项指标权重判断

科教价值 B4	科研价值 C8
教育价值 C9	

B5 层历史价值各项指标权重判断

历史价值 B5	古树名木 C9	承载的历史事件 C10	文化古迹 C11
古树名木 C9			
承载的历史事件 C10			
文化古迹 C11			

B6 层宗教艺术价值各项指标权重判断

宗教艺术价值 B6	宗教氛围 C13
文艺作品 C14	

B7 层地理区位各项指标权重判断

地理区位 B7	交通便利性 C15
客源地情况 C16	

B8 层知名度各项指标权重判断

知名度 B8	风景评级 C17
影响力 C18	

问卷结束，再次对您慷慨的帮助表示感谢！

祝您工作顺利！

参考文献

白斯琴等:《猫儿山国家森林公园游憩使用价值评价研究》,《中国林业经济》2015 年第 5 期。

保继刚、楚义芳:《旅游地理学》,高等教育出版社 1999 年版。

北京市统计局、国家统计局北京调查总队:《北京市 2016 年国民经济和社会发展统计公报》,http://www:bjstats:gov:cn/tjsj/tjgb/ndgb/201702/t20170227_ 369467:html。2017 年 2 月 25 日。

曹辉、陈平留:《森林景观资产评估 CVM 法研究》,《福建林学院学报》2003 年第 1 期。

陈波等:《北京城市森林不同天气状况下 PM2.5 浓度变化》,《生态学报》2016 年第 5 期。

陈豪:《比特币的经济学分析》,硕士学位论文,浙江大学,2015 年。

陈美爱:《基于休闲学视角的市民幸福感研究——以杭州为例》,博士学位论文,浙江大学,2013 年。

陈文斌、郭岩:《森林文化建设路径选择的实证分析——以黑龙江林区为例》,《林业经济》2016 年第 8 期。

陈鑫峰、贾黎明:《京西山区森林林内景观评价研究》,《林业科学》2003 年第 4 期。

陈怡琛、柏智勇:《森林游憩者旅游体验与幸福感研究——以湖南天际岭国家森林公园为例》,《中南林业科技大学学报》(社会科学版)2017 年第 3 期。

陈应发:《美国的森林游憩》,《华东森林经理》1994 年第 1 期。

陈勇、万瑾:《森林教育:构成、经验与启示》,《外国教育研究》2013 年第 6 期。

成程等：《北京香山公园自然景观价值二十年变迁》，《生态学报》2014 年第 20 期。

崔凤军：《风景旅游区的保护与管理》，中国旅游出版社 2001 年版。

崔海兴、徐嘉懿：《森林文化建设研究——以北京奥林匹克森林公园为例》，《林业经济》2015 年第 8 期。

戴维·思罗斯比：《经济学与文化》，王志标等译，中国人民大学出版社 2011 年版。

德斯蒙德·莫里斯：《人类动物园》，刘文荣译，文汇出版社 2002 年版。

邓三龙：《森林康养的理论研究与实践》，《世界林业研究》2016 年第 6 期。

邓伟：《比特币价格泡沫：证据、原因与启示》，《上海财经大学学报》2017 年第 2 期。

董冬等：《基于 AHP 和 FSE 的九华山风景区古树名木景观价值评价》，《长江流域资源与环境》2009 年第 9 期。

董天等：《旅游资源使用价值评估的 ZTCM 和 TCIA 方法比较——以北京奥林匹克森林公园为例》，《应用生态学报》2017 年第 8 期。

杜万光：《不同尺度下北京公园绿地颗粒物变化特征及影响因子研究》，博士学位论文，中国林业科学研究院，2017 年。

杜玉欢：《纳板河保护区森林健康与传统森林文化研究》，博士学位论文，中央民族大学，2015 年。

樊宝敏、李智勇：《森林文化建设问题初探》，《北京林业大学学报》（社会科学版）2006 年第 2 期。

樊宝敏、李智勇：《中国古代城市森林与人居生态建设》，《中国城市林业》2005 年第 1 期。

樊宝敏等：《北京和谐宜居之都建设中的森林文化服务提升》，《林业经济》2015 年第 8 期。

樊宝敏：《森林文化价值提升路径》，《中国国情国力》2017 年第 7 期。

樊宝敏：《我国森林文化价值的培育利用》，《中国国情国力》
2015 年第 2 期。

冯敏敏：《园林植物景观美感评价研究》，硕士学位论文，浙江大
学，2006 年。

付健：《基于社会心理承载力的香山公园游客管理研究》，硕士学
位论文，北京林业大学，2010 年。

高洁等：《典型全域旅游城市旅游环境容量测算与承载评价——
以延庆县为例》，《生态经济》2015 年第 7 期。

宫崎良文：《森林浴》，东京理想社 2003 年版。

郭风平等：《森林文化成语发掘整理研究》，《北京林业大学学
报》（社会科学版）2008 年第 1 期。

郭金世、胡宝华：《隆林仡佬族拜树节的文化内涵及社会功能》，
《社会科学家》2013 年第 5 期。

郭岩、陈文斌：《基于方差分析法的森林文化建设对策研究——
以黑龙江林区为例》，《林业经济》2017 年第 2 期。

国家林业局：《国家林业局办公室关于印发〈联合国森林战略规
划（2017—2030 年）〉的通知》，http：//www：forestry：gov：cn/
main/4461/content—1021506：html。2017 年 4 月 11 日。

国家林业局：《国家林业局关于印发〈（2016—2020 年）〉的通
知》，http：//www：forestry：gov：cn/main/89/content—861381：ht-
ml。2017 年 5 月 12 日。

韩明臣：《城市森林保健功能指数评价研究》，博士学位论文，中
国林业科学研究院，2011 年。

何国兴：《颜色科学》，东华大学出版社 2004 年版。

恒次祐子、宫崎良文：《生理応答に基づく森林環境・森林系環
境要素の快適性評価》，《木材工业》2007 年第 10 期。

侯传文：《印度文学的森林书写》，《南亚研究》2012 年第 2 期。

侯元兆：《森林环境价值核算》，中国科学技术出版社 2002 年版。

胡炳清：《旅游环境容量计算方法》，《环境科学研究》1995 年第

3 期。

胡萍、吴萍：《湘西南森林文化的民族性及价值分析》，《湖南社会科学》2014 年第 3 期。

黄广远：《北京市城区城市森林结构及景观美学评价研究》，博士学位论文，北京林业大学，2012 年。

黄琼：《电子货币发展与政府监管问题探析》，《财经问题研究》2010 年第 10 期。

贾丽平：《比特币的理论、实践与影响》，《国际金融研究》2013 年第 12 期。

解杼等：《旅游者入游感知距离与旅游空间行为研究——以江西省龙虎山为例》，《安徽师范大学学报》（自然科学版）2003 年第 4 期。

金丽娟：《香山公园森林游憩资源价值评估与旅游管理对策研究》，硕士学位论文，北京林业大学，2005 年。

景志慧、张隧文：《基于多层次灰色方法的旅游资源开发潜力评价——以巴中南阳森林公园为例》，《西北大学学报》（自然科学版）2014 年第 5 期。

柯水发等：《森林文化产业体系的构建探析》，《林业经济》2017 年第 11 期。

范德中：《旅游与环境》，中国环境科学出版社 1986 年版。

雷孝章等：《中国生态林业工程效益评价指标体系》，《自然资源学报》1999 年第 2 期。

黎德化：《论我国森林文化的现代化》，《北京林业大学学报》（社会科学版）2009 年第 1 期。

李焕承：《基于 GIS 的区域生态系统服务价值评估方法研究与应用》，硕士学位论文，浙江大学，2010 年。

李俊杰、姜雪梅：《森林体验活动对森林文化传播的影响——以北京市为例》，《林业经济评论》2015 年第 1 期。

李俊梅等：《昆明西山森林公园游憩价值评估》，《云南大学学报》（自然科学版）2015 年第 4 期。

李俊清：《森林生态学》，高等教育出版社 2006 年版。

李梅：《森林资源保护与游憩导论》，中国林业出版社 2004 年版。

李明阳、刘敏、刘米兰：《森林文化的发展动力与发展方向》，《北京林业大学学报》（社会科学版）2011 年第 1 期。

李屏：《红原深处藏盛事——记红原煨桑祭山节》，《中国西部》2015 年第 26 期。

李卿：《森林医学》，科学出版社 2013 年版。

李少宁等：《北京典型园林植物区空气负离子分布特征研究》，《北京林业大学学报》2010 年第 32 期。

李晟等：《养殖池塘生态系统文化服务价值的评估》，《应用生态学报》2009 年第 12 期。

李坦：《基于收益与成本理论的森林生态系统服务价值补偿比较研究》，博士学位论文，北京林业大学，2013 年。

李文军、吴晓：《浅议森林公园的森林文化建设》，《林业经济》2008 年第 10 期。

李霞：《园林植物色彩对人的生理和心理的影响》，博士学位论文，北京林业大学，2012 年。

李晓勇、甄学宁：《森林文化结构体系的研究》，《北京林业大学学报》（社会科学版）2006 年第 4 期。

李艳、姚崇怀：《九峰城市森林保护区景观生态评价》，《安徽农业科学》2011 年第 9 期。

李羽佳：《ASG 综合法景观视觉质量评价研究》，博士学位论文，东北林业大学，2014 年。

李泽厚：《浅谈审美的过程和结构》，《中国书画》2005 年第 9 期。

李忠魁等：《森林社会效益价值评估方法研究——以山东省为例》，《山东林业科技》2010 年第 5 期。

李周、徐智：《森林效益货币计量的实质、意义和原则》，《林业经济》1984 年第 3 期。

李梓辉：《森林对人体的医疗保健功能》，《经济林研究》2002 年第 3 期。

梁萍：《游客对生态环境游憩冲击修复的支付意愿与受偿意愿对比研究——以北京香山公园为例》，硕士学位论文，北京林业大学，2016 年。

梁隐泉、王广友编：《园林美学》，中国建筑工业出版社 2004 年版。

刘东兰、郑小贤：《日本的高等林业教育改革与森林科学》，《中国林业教育》2010 年第 6 期。

刘宏茂等：《运用傣族的传统信仰保护西双版纳植物多样性的探讨》，《广西植物》2001 年第 2 期。

刘俊宇、邹巅：《湘西少数民族森林文化的生态伦理学意义》，《中南林业科技大学学报》（社会科学版）2014 年第 2 期。

刘芹英：《森林型自然保护区的文化价值评价研究》，硕士学位论文，福建农林大学，2016 年。

刘群阅等：《福州国家森林公园功能评价研究》，《林业资源管理》2017 年第 3 期。

刘荣昆：《林人共生：彝族森林文化及变迁探究》，博士学位论文，云南大学，2016 年。

刘拓、何铭涛：《发展森林康养产业是实行供给侧结构性改革的必然结果》，《林业经济》2017 年第 2 期。

刘琰等：《浙江省文成县森林文化创意产业发展的影响因素》，《中国农业信息》2015 年第 15 期。

刘垚：《宗教对傣族生态环境思想的影响》，《文山学院学报》2011 年第 2 期。

刘智慧等：《常用评价方法比较及林业绿色经济评价方法选择》，《林业经济》2016 年第 2 期。

陆东芳：《大学校园植物景观评价模型及其应用》，《福建林学院学报》2008 年第 4 期。

陆兆苏：《森林美学初探》，《华东森林经理》1995 年第 3 期。

路德维希·冯·米塞斯：《货币和信用理论》，樊林洲译，商务印书馆 2015 年版。

吕昂：《湖南省森林植物园景观美学评价研究》，硕士学位论文，中南林业科技大学，2017 年。

吕欢欢：《基于选择实验法的国家森林公园游憩资源价值评价研究》，硕士学位论文，大连理工大学，2013 年。

吕勇等：《森林文化水平指数初探——以湖南省为例》，《福建林业科技》2009 年第 2 期。

罗杰·珀曼（Roger Perman）等：《自然资源与环境经济学》，侯元兆等译，中国经济出版社 2002 年版。

蒙晋佳、张燕：《地面上的空气负离子主要来源于植物的尖端放电》，《环境科学与技术》2005 年第 1 期。

蒙晋佳、张燕：《广西部分景点地面上空气负离子浓度的分布规律》，《环境科学研究》2004 年第 3 期。

孟祥江：《中国森林生态系统价值核算框架体系与标准化研究》，博士学位论文，中国林业科学研究院，2011 年。

迈里克·弗里曼：《环境与资源价值评估——理论与方法》，曾贤刚译，中国人民大学出版社 2002 年版。

倪淑萍、施德法：《普陀山风景区森林景观研究》，《华东森林经理》1996 年第 1 期。

欧东明：《印度传统思想与环境伦理学的相互会通》，《南亚研究季刊》2010 年第 3 期。

潘静等：《森林文化价值保护支付意愿及其评估研究——以甘肃省迭部县为例》，《干旱区资源与环境》2017 年第 9 期。

帕尔默：《世纪的环境教育——理论、实践、进展与前景》，田青、刘丰译，中国轻工业出版社 2009 年版。

朴松爱：《休闲学》，李仲广译，东北财经大学出版社 2005 年版。

钱奇霞、陈楚文：《森林公园风景资源评价与景观规划研究——以瑞安福泉山森林公园为例》，《福建林业科技》2011 年第 4 期。

邱晗、陈恩情：《虚拟货币中的网络游戏货币和 Q 币的经济学分析》，《电子商务》2008 年第 12 期。

裘晓雯：《乡村森林文化的主要形态与功能》，《北京林业大学学报》（社会科学版）2013 年第 1 期。

曲如晓、曾燕萍：《国外文化资本研究综述》，《国外社会科学》2016 年第 2 期。

邵海荣、贺庆棠：《森林与空气负离子》，《世界林业研究》2000 年第 5 期。

邵文武等：《基于时间约束的消费者选择理论与模型研究》，《商业研究》2013 年第 10 期。

邵永昌等：《城市森林冠层对小气候调节作用》，《生态学杂志》2015 年第 6 期。

沈芝琴：《基于居民感知的城市森林游憩系统优化研究——以福州市为例》，硕士学位论文，福建农林大学，2012 年。

石忆邵、张蕊：《大型公园绿地对住宅价格的时空影响效应——以上海市黄兴公园绿地为例》，《地理研究》2010 年第 3 期。

宋军卫：《森林的文化功能及其评价研究》，硕士学位论文，中国林业科学研究院，2012 年。

苏宁：《虚拟货币的理论分析》，社会科学文献出版社 2008 年版。

苏孝同、苏祖荣：《森林文化研究》，中国林业出版社 2012 年版。

苏祖荣、苏孝同：《森林文化学简论》，上海学林出版社 2004 年版。

苏祖荣、苏孝同：《森林与文化》，中国林业出版社 2012 年版。

苏祖荣：《森林文化发展的若干阶段与评价》，《北京林业大学学报》（社会科学版）2005 年第 1 期。

孙宝文等：《虚拟货币的运行机理与性质研究》，《中央财经大学学报》2009 年第 10 期。

孙际垠：《论山水游记中森林意境的审美创造》，《长沙铁道学院学报》（社会科学版）2011 年第 3 期。

孙儒泳：《基础生态学》，高等教育出版社 2002 年版。

孙睿霖：《森林公园环境教育体系规划设计研究》，硕士学位论文，中国林业科学研究院，2013 年。

孙元敏等：《南澳岛生态旅游环境容量分析》，《生态科学》2015年第1期。

唐东芹等：《园林植物景观评价方法及其应用》，《浙江林学院学报》2001年第4期。

筒井迪夫：《森林文化への道》，朝日新闻社（朝日選書529）1995年版。

万瑾、陈勇：《发达国家森林教育的发展及其教育启示》，《外国中小学教育》2013年第8期。

王宝华：《中国古树名木文化价值研究》，硕士学位论文，南京农业大学，2009年。

王碧云等：《古树名木文化价值货币化评估研究》，《林业经济问题》2016年第6期。

王碧云等：《基于游客感知的福州国家森林公园自然教育发展探析》，《林业调查规划》2016年第6期。

王迪海：《森林社会效益观测与评价方法》，《河北林业科技》1998年第9期。

王庆海等：《观赏草景观效果评价指标体系及其模糊综合评判》，《应用生态学报》2008年第2期。

王帅：《基于SD法的云台山国家森林公园景观评价研究》，硕士学位论文，中南林业科技大学，2015年。

王希、郭凤平：《中国森林崇拜文化刍论》，《中国农学通报》2010年第3期。

王一、叶茂升：《虚拟货币发行机制研究》，《中国管理学年会—金融分会场论文集》，北京，2009年11月。

王瑜：《藏族山神崇拜习俗浅析——以四川省甘孜州新龙县为例》，《四川民族学院学报》2012年第2期。

王云等：《文化资本对我国经济增长的影响——基于扩展MRW模型》，《软科学》2013年第4期。

韦惠兰、祁应军：《森林生态系统服务功能价值评估与分析》，《北京林业大学学报》2016年第2期。

魏翔：《闲暇红利》，中国经济出版社 2015 年版。

魏晓霞等：《我国森林旅游发展现状分析与对策》，《林产工业》2016 年第 7 期。

文野等：《森林挥发物保健功能研究进展》，《世界林业研究》2017 年第 6 期。

文益君等：《基于粗糙集的风景林景观美学评价》，《林业科学》2009 年第 1 期。

吴昌华、崔丹丹：《千年生态系统评估》，《世界环境》2005 年第 3 期。

吴静：《互联网经济背景下虚拟货币价格形成机制研究——以比特币为例》，硕士学位论文，中国海洋大学，2015 年。

吴跃辉：《城市绿化与环境保护》，《内蒙古环境保护》1997 年第 2 期。

肖随丽等：《北京市香山公园和鹫峰森林公园游憩承载力对比研究》，《北京林业大学学报》（社会科学版）2010 年第 4 期。

肖仲华：《幸福经济学理论建构探析》，《求索》2012 年第 3 期。

谢杰、张建：《"去中心化"数字支付时代经济刑法的选择——基于比特币的法律与经济分析》，《法学》2014 年第 8 期。

谢灵心、孙启明：《网络虚拟货币的本质及其监管》，《北京邮电大学学报》（社会科学版）2011 年第 2 期。

邢振杰等：《园林植物形态对人生理和心理影响研究》，《西北林学院学报》2015 年第 2 期。

修美玲：《当园艺成为疗法》，《生命世界》2006 年第 5 期。

徐高福、钱小娟、胡奕锋：《浅议森林文化与森林公园建设》，《林业调查规划》2006 年第 3 期。

徐立：《土地利用变化对长沙市生态系统服务价值的影响研究》，硕士学位论文，湖南大学，2009 年。

薛静等：《森林与健康》，《国外医学地理分册》2004 年第 3 期。

薛媛：《〈格林童话〉中的森林情结》，《文化学刊》2015 年第 11 期。

严晓丽：《绿色世界与人体健康》，《解放军健康》2006 年第 6 期。

杨馥宁等：《森林文化与森林旅游》，《林业建设》2006 年第 6 期。

杨光成：《古羌转山会》，《西南航空》2001 年第 5 期。

杨秋、张春梅：《自然博物馆科普教育的内涵》，《沈阳师范大学学报》（社会科学版）2009 年第 6 期。

杨晓晨、张明：《比特币：运行原理、典型特征与前景展望》，《金融评论》2014 年第 1 期。

杨鑫霞等：《基于 SBE 法的长白山森林景观美学评价》，《西北农林科技大学学报》（自然科学版）2012 年第 6 期。

杨学军等：《东平国家森林公园风景林美学评价及经营对策》，《上海农学院学报》1999 年第 3 期。

杨永志等：《基于 AHP 法的呼和浩特市玉泉区植物群落景观评价》，《内蒙古农业大学学报》2009 年第 2 期。

姚先铭、康文星：《城市森林社会服务功能价值评价指标与方法探讨》，《世界林业研究》2007 年第 4 期。

叶文铠：《森林文化与林业文化异同析——兼论两者的体系构成》，《福建论坛》（文史哲版）1997 年第 2 期。

叶晔：《森林休闲理论与城郊森林休闲机会谱分级研究》，博士学位论文，中国林业科学研究院，2009 年。

尹海伟等：《上海城市绿地宜人性对房价的影响》，《生态学报》2009 年第 8 期。

尹玥、贾利：《我国国家森林公园森林旅游发展潜力浅析——以黑龙江省为例》，《经济师》2017 年第 5 期。

于开锋、金颖若：《国内外森林旅游理论研究综述》，《林业经济问题》2007 年第 4 期。

余雅玲：《森林公园游客游憩动机与行为实证研究——以福州市森林公园为例》，硕士学位论文，福建师范大学，2013 年。

岳上植：《森林社会效益核算》，《上海立信会计学院学报》2008

年第 6 期。

翟明普等：《风景评价在风景林建设中应用研究进展》，《世界林业研究》2003 年第 6 期。

翟伟：《香山地区交通拥堵问题研究》，硕士学位论文，北京工业大学，2016 年。

张彪等：《城市绿地资源影响房产价值的研究综述》，《生态科学》2013 年第 5 期。

张德成：《森林福利效益评价研究——以青岛市为例》，博士学位论文，中国林业科学研究院，2009 年。

张德成、殷继艳：《森林文化与林区民俗》，中国建材工业出版社2006 年版。

张冠乐等：《宁夏沙湖景区生态旅游环境容量》，《中国沙漠》2016 年第 4 期。

张娇：《基于 GIS 的宜兴竹海森林公园旅游开发生态适宜性评价研究》，硕士学位论文，南京大学，2016 年。

张玲：《植物园环境教育的理论与实践研究》，硕士学位论文，首都师范大学，2009 年。

张晓明：《主体幸福感模型的理论建构——幸福感的本土心理学研究》，博士学位论文，吉林大学，2011 年。

张娅妮：《森林文化发展水平初探》，硕士学位论文，中南林业科技大学，2009 年。

张颖等：《基于推拉理论的旅沪入境游客旅游动机研究》，《资源开发与市场》2009 年第 10 期。

张颖：《森林社会效益价值评价研究综述》，《世界林业研究》2004 年第 3 期。

张永民译：《生态系统与人类福祉评估框架》，中国环境科学出版社 2006 年版。

张毓雄：《森林文化建设研究——基于文化的融合留存遭遇》，博士学位论文，西北农林科技大学，2014 年。

张祖荣：《我国森林社会效益经济评价初探》，《重庆师专学报》

2001 年第 3 期。

章建文：《浅谈长沙市城市森林文化建设》，《中南林业科技大学学报》（社会科学版）2009 年第 5 期。

赵雷刚等：《陕西佛坪国家级自然保护区生态旅游环境容量分析》，《陕西林业科技》2012 年第 2 期。

赵士洞、张永民：《生态系统与人类福祉——千年生态系统评估的成就、贡献和展望》，《地球科学进展》2006 年第 9 期。

赵正等：《基于选择实验法的市民城市林业支付意愿研究》，《干旱区资源与环境》2017 年第 7 期。

郑小贤、刘东兰：《森林文化论》，《林业资源管理》1999 年第 5 期。

周公宁：《风景区环境容量与旅游规模的关系》，《建筑学报》1992 年第 11 期。

周雪姣等：《中国森林文化研究现状及展望》，《林业经济》2017 年第 9 期。

朱霖等：《国外森林文化价值评价指标研究现状及分析》，《世界林业研究》2015 年第 5 期。

朱霖等：《北京妙峰山森林文化条件价值评估》，《林业科学》2015 年第 6 期。

庄丽：《三明市森林文化建设初探》，《安徽林业科技》2016 年第 3 期。

Adamowicz, W., et al., "Combining Revealed and Stated Preference Methods for Valuing Environmental Amenities", *Journal of Environmental Economics and Management*, 1994, 26 (3): 271 - 292.

Anderson, L. M. and H. K. Cordell, "Influence of Trees on Residential Property Values in Athens, Georgia (U. S. A:) Asurvey based on Actual Sales Prices ", *Landscape and Urban Planning*, 1988, 15: 153 - 164.

Arnberger, A., "Recreation Use of Urban Forests: An Inter - area Comparison", *Urban Forestry & Urban G Anderson*, 2006, 4 (3 - 4):

135 – 144.

Berkes, F. , Folke, C. , "A Systems Perspective on the Interrelations between Natural, Human – made and Cultural Capital", *Ecological Economics*, 1992, 5 (1): 1 – 8.

Bieling, C. , Plieninger, T. , "Recording Manifestations of Cultural Ecosystem Services in the Landscape", *Landscape Research*, 2013, 38 (5): 649 – 667.

Braat, L. C. , Groot, R. D. , "The Ecosystem Services Agenda: Bridging the Worlds of Natural Science and Economics, Conservation and Development, and Public and Private Policy", *Ecosystem Services*, 2012, 1 (1): 4 – 15.

Bryce, R. , et al. , "Subjective Well – being Indicators for Large – scale Assessment of Cultural Ecosystem Services", *Ecosystem Services*, 2016, 21: 258 – 269.

Burkhard, B. , et al. , "Landscapes' Capacities to Provide Ecosystem Services – A concept for land – cover based Assessments", *Landscape Online*, 2009, 15 (1): 1 – 12.

Burkhard, B. , et al. , "Mapping Ecosystem Service Supply, Demand and Budgets", *Ecological Indicators*, 2012, 21 (3): 17 – 29.

Burns, E. E. , et al. , "An Investigation into the Use of Aromatherapy in Intrapartum Midwifery Practice", *The Journal of Alternative and Complementary Medicine*, 2000, 6 (2): 141 – 147.

Chan, K. M. A. , "Rethinking Ecosystem Services to Better Address and Navigate Cultural Values", *Ecological Economics*, 2012, 74 (1): 8 – 18.

Christie, M. , et al. , "Valuing Enhancements to Forest Recreation Using Choice Experiment and Contingent Behaviors Methods", *Journal of Forest Economics*, 2007, 13 (2): 75 – 102.

Church, A. , et al. , *UK National Ecosystem Assessment Follow – on*, Cambridge , UNEP – WCMC, 2014: 135 – 215.

Church, A. , et al. , *UK National Ecosystem Assessment Technical Re-*

port, Cambridge , UNEP – WCM, 2011: 213 – 290.

Crompton, J. L. , "The Impact of Parks on Property Values: Areview of the Empirical Evidence" , *Journal of Leisure Research*, 2001, 33 (1): 1 – 31.

Dallimer, M. , et al. , "Quantifying Preferences for the Natural World Using Monetary and Nonmonetary Assessments of Value" , *Conservation Biology*, 2014, 28 (2): 404 – 413.

Daniel, T. C. , Boster, R . S. , "Measuring Landscape Esthetics: The Scenic Beauty Estimation Method" , USDA Forest Service Research Paper, 1976, 167.

Daniel, T. C. , et al. , "Contributions of Cultural Services to The Ecosystem Services Agenda" , *Proceedings of the National Academy of Sciences of the United States of America*, 2012, 109 (23): 8812 – 8819.

De Groot, R. S. , et al. , "A Typology for the Classification, Description and Valuation of Ecosystem Functions, Goods and Services", *Ecological Economics*, 2002, 41 (3): 393 – 408.

De, V. S. , et al. , "Streetscape Greenery and Health: Stress, Social Cohesion and Physical Activity as Mediators", *Social Science & Medicine*, 2013, 94 (5): 26 – 33.

Dewulf, J. , Langenhove, H. V. , "Biogenic Volatile Organic Compounds", *TrAC Trends in Analytical Chemistry*, 2011, 30 (7): 935 – 936.

Edward Castronova, "On Virtual Economies", *Social Science Research Network*, 2002.

Deciel, Ryan R. M. , "The 'What' and 'Why' of Goal Pursuits: Human Needs and the Self – Determination of Behavior", *Psychological Inquiry*, 2000, 11 (4): 227 – 268.

Edwards, D. , et al. , "An Arts – led Dialogue to Elicit Shared, Plural and Cultural Values of Ecosystems", *Ecosystem Services*, 2016, 21: 319 – 328.

Edwards, D. , et al. , *A Valuation of the Economic and Social Contri-*

bution of Forestry for People in Scotland, Edinburgh: Forestry Commission Scotland, 2009.

Edwards, D. , "Social and Cultural Values Associated with European forests in Relation to Key Indicators of Sustainability", *Finland: European Forest Institute*, 2011: 35 – 58.

Fikret Berkes & Carl Folke, "A Systems Perspective on the Interrelations between Natural, Human – Made and Cultural Capital", *Ecological Economics*, 1992, 5 (1): 1 – 8.

Fish, R. , et al. , "Making Space for Cultural Ecosystem Services: Insights from a Study of the UK Nature Improvement Initiative", *Ecosystem Services*, 2016, 21: 329 – 343.

Fish, R. , et al. , "Conceptualising Cultural Ecosystem Services: A Novel Framework for Research and Critical Engagement", *Ecosystem Services*, 2016, 21: 208 – 217.

Fisher, B. et al. , "Defining and Classifying Ecosystem Services for Decision Making", *Ecological Economics*, 2009, 68 (3): 643 – 653.

Giungato, P. , et al. , "Current Trends in Sustainability of Bitcoins and Related Blockchain Technology", *Sustainability*, 2017, 9 (12): 1 – 11.

Grahn, P. , Stigsdotter, U. , "Landscape Planning and Stress", *Urban Forestry & Urban Greening* , 2003, 2 (1): 1 – 18.

Gwenn, G. , et al. , "Horticultural Therapy: Apsychosocial Treatment Option at the Stephen D. Hassenfeid Children's Center for Cancer and Blood Disorders", *Clinical Focus*, 2008 , 15 (7): 73 – 77.

Herzele, A. V. , Vries, S. D. , "Linking Green Space to Health: A Comparative Study of Two Urban Neighbourhoods in Ghent, Belgium", *Population & Environment*, 2012, 34 (2): 171 – 193.

Herzog, T. R. , et al. , "Assessing the Restorative Components of Environments", *Journal of Environmental Psychology*, 2003, 23 (2): 159 – 170.

Hiroshi Yamaguchi, "An Analysis of Virtual Currencies in Online

Games", *Social Science Research Network* , 2004.

Horne, P. , et al. , "Multiple – use Management of Forest Recreation Sites: A Spatially Explicit Choice Experiment", *Forest Ecology and Management*, 2005, 207 (1): 189 – 199.

Huang, K. , et al. , "The Analysis of Customer Market of Xiangshan Park in Beijng", *Social Scientist*, 2005, (S2): 197 – 201.

Jansson, M. , et al. , "Perceived Personal Safety Inrelation to Urban Woodland Vegetation: A Review", *Urban Forestry & Urban Greening*, 2013, 12 (2): 127 – 133.

Jobstvogt, N. , et al. , "Looking Below the Surface: The Cultural Ecosystem Service Values of UK Marine Protected Areas (MPAs)", *Ecosystem Services*, 2014, 10: 97 – 110.

Kaplan R. and Kaplan S. , eds. , *The Experience of Nature: A Psychological Perspective*, Cambridge: Cambridge University Library Press, 1989.

Kaplan, S. , "The Restorative Benefits of Nature: Toward an Integrative Framework", *Journal of Environmental Psychology*, 1995, 15 (3): 169 – 182.

Kellert, S. R. and Wilson, E. O. , *The Biophilia Hypotheesis*, Washington D C: Island Press, 1993.

Kenter, J. O. , "Integrating Deliberative Monetary Valuation, Systems Modelling and Participatory Mapping to Assess Shared Values of Ecosystem Service", *Ecosystem Services*, 2016, 21: 291 – 307.

Kim, S. , et al. , "Responding to Competition: A Strategy for Sun/ Lost City, South Africa", *Tourism Management*, 2000, 21: 33 – 41.

Les Blumenthal, "Gaining Perspective: Forestry for Future", *Journal of Forestry*, 1991 (5): 20.

Anderson and H. K. Cordell, "Influence of Trees on Residential Property Values in Athens, Georgia (U. S. A): Asurvey based on Actual Sales Prices", *Landscape andUrban Planning*, 1988, 15: 153 – 164.

Luttik Joke, "The Value of Trees, Water and Open Space as Reflected by House Prices in the Netherlands", *Landscape and Urban Planning*, 2000, 48: 161 – 167.

Maille, P. , "Mendelsohn R, Valuing Ecotourism in Magagascar", *Journal of Environmental Management*, 1993, 39: 213 – 218.

Makovníková, J. , et al. , "An Approach to Mapping the Potential of Cultural Agroecosystem Services", *Soil & Water Research*, 2016, 11 (1): 44 – 52.

Millennium Ecosystem Assesment (MA), *Ecosystems and Human Well – being: Synthesis*, Washington, D. C. : Island Press, 2005.

WGO Criterin, "Criteria and Indicators for the Conservation and Sustainable Management of Temperate and Boreal Forests: The Montreal Process", *Journal of Fish Biology*, 2009, 56 (3): 622 – 636.

Oh, H. C. , et al. , "Product Bundles and Market Segments Based on Travel Motivations: A Canonical Correlation Approach", *International Journal of Hospitality Management*, 1995, 14 (2): 123 – 137.

O'Brien, L. , et al. , "Cultural Ecosystem Benefits of Urban and Peri – urban Green Infrastructure across Different European Countries", *Urban Forestry & Urban Greening*, 2017, 240 : 236 – 248.

O'Brien, L. , et al. , "Engaging with Peri – Urban Woodlands in England: The Contribution to People's Health and Well – being and Implications for Future Management", *International Journal of Environmental Research & Public Health*, 2014, 11 (6): 6171 – 6192.

Philip Ernstberger, "Linden Dollar and Virtual Monetary Policy", *Social Science Research Network*, 2009.

Potter, D. R. , Wagar, J. A. , "*Techniques for Inventorying Man-made Impacts in Roadway Environments*", USDA Forest Service Research Paper, 1971, 121: 1 – 17.

Raanaas, R. K. , et al. , "Health Benefits of a View of Nature through the Window: A Quasi – experimental Study of Patients in a Residential Rehabilitation Center", *Clinical Rehabilitation*, 2012, 26 (1): 21 – 32.

Rittichainuwat, B., Mair, J., "Visitor Attendance Motivations at Consumer Travel Exhibitions", *Tourism Management*, 2012, 33 (5): 1236 – 1244.

Russ Parsons, et al., "The View from the Road: Implications for Stress Recovery and Immunization", *Journal of Environmental Psychology*, 1998, 18 (2): 113 – 140.

Sasaki, K., et al., "Rosmarinus Officinalis, Polyphenols Produce Anti – depressant Like Effect through Monoaminergic and Cholinergic Functions Modulation", *Behavioural Brain Research*, 2013, 238 (1): 86.

Schaich, H., et al., "Linking Ecosystem Services with Cultural Landscape Research", *GAIA – Ecological Perspectives for Science and Society*, 2010, 19 (4): 269 – 277.

Schirpke, U., et al., "Cultural Ecosystem Services of Mountain Regions: Modelling the Aesthetic Value", *Ecological Indicators*, 2016, 69: 78 – 90.

Solomon, J., "Science Education for Scientific Culture", *Israel Journal of Plant Sciences*, 2000, 48 (3): 157 – 163.

Stebbins, Robert A., *Serious Leisure: A Perspective for Our Time*, New Brunswick, N: J: Transaction Publishers, 2006, 158 – 198.

Tabbush, P., "Cultural Values of Trees, Woods and Forests", *Farnham, Surrey: Report to Forest Research*, 2010.

Tabbush, P., "Cultural Values of Trees, Woods and Forests", *Farnham: Forest Research*, 2010: 32 – 58.

Thompson, C. W., et al., "Woodland Improvements in Deprived Urban Communities: What Impact do They Have on People's Activities and Quality of Life?", *Landscape & Urban Planning*, 2013, 118: 79 – 89:

Throsby, D., "Cultural Capital", *Journal of Cultural Economics*, 1999, 23 (1 – 2): 3 – 12:

Tsunetsugu, Y., et al., "Physiological Andpsychological Effects of Viewing Urban Forest Landscapes Assessed by Multiple Measurements",

Landscape and Urban Planning, 2013, 113 (5): 90 – 93.

Tu, K. V., Meredith, M. W., "Rethinking Virtual Currency Regulation in the Bitcoin Age", *Social Science Electronic Publishing*, 2014, 90.

Turner, M. G., "Spatial and Temporal Analysis of Landscape Pattern", *Landscape Ecology*, 1990, 4 (1): 21 – 30.

Tyrväinen, L., et al., "The Influence of Urban Green Environments on Stress Relief Measures: A Field Experiment", *Journal of Environmental Psychology*, 2014, 38 (6): 1 – 9.

Uysal, M., Jurowski, C., "Testing the Push and Pull Factors", *Annals of Tourism Research*, 1994, 21 (4): 844 – 846.

Van Herzele, A., de Vries, S., "Linking Green Space to Health: Acomparative Study of Two Urban Neighbourhoods in Ghent, Belgium", *Population and Environment*, 2012, 34 (2): 171 – 193.

Vranken, H., "Sustainability of Bitcoin and Blockchain", *Current Opinion in Environmental Sustainability*, 2017, 28: 1 – 9.

Waston D. et al., The Two General Activation Systems of Affect: Structral Findings, Evolutionary Considerations Psychobiological Evidence", *Journal of Personality and Social Psychology*, 1999, 76: 820 – 838.

White, M. P., Alcock, I., Wheeler, B. W., et al., "Would You be Happier Living in a Greener Urban Area A Fixed – effects Analysis of Panel Data", *Psychological Science*, 2013, 24 (6): 920 – 928.

Wolf, K. L., "City Trees and Property Values", *Arborist News*, 2007, 16 (4): 34 – 36.

Yang, J., et al., "The Urban Forest in Beijing anditsrole in Air Pollution Reduction", *Urban Forestry & Urban Greening*, 2005, 3 (2): 65 – 78.

Ylisiniö, A. L., et al., "Woodland Key Habitats in Preserving Polypore Diversity in Boreal Forests: Effects of Patch Size, Stand Structure and Microclimate", *Forest Ecology & Management*, 2016, 373: 138 – 148.

Yue Guo, Stuart Barnes, "Virtual Item Purchase Behavior in Virtual Worlds: An Exploratory Investigation", *Electron Commer Res*, 2009 (9):

77 – 96.

Zhang Qiu, et al., "Ananalysis of Mainland Chinese Visitors Motivations to Visit Hong Kong", *Tourism Management*, 1999, 20: 587 – 594.

Zube, E. H., et al., "Landscape Perception Research, Application and Theory", *Landscape Planning*, 1982, 9: 1 – 33.